Christoph Hollitzer

Die Paläoumweltänderungen der letzten 5000 Jahre im Mongolischen Altai

Christoph Hollitzer

# Die Paläoumweltänderungen der letzten 5000 Jahre im Mongolischen Altai

## Blattwachs- und CN- Analyse an einem 142 cm tiefen Sedimentbohrkern des Khar Nuur - westliche Mongolei - Zentralasien

Lehrbuchverlag

**Imprint**


Cover image: www.ingimage.com

Publisher:
Der Lehrbuchverlag
is a trademark of
International Book Market Service Ltd., member of OmniScriptum Publishing Group
17 Meldrum Street, Beau Bassin 71504, Mauritius

Printed at: see last page
**ISBN: 978-620-0-44587-2**

Wissenschaftliche Hausarbeit

zur Ersten Staatsprüfung für das Lehramt an

**Gymnasien**

im Fach: Geographie

Thema: Die Paläoumweltänderungen der letzten 5000 Jahre im Mongolischen Altai

vorgelegt von: Hollitzer, Christoph

geb. am 16.05.1990 in Eisenach

Erfurt, 19.08.2019

**Inhaltsverzeichnis**

**Abbildungsverzeichnis**

# 1 Einleitung

Im Jahr 2018 veröffentlichte der Weltklimarat IPCC den momentan aktuellsten Bericht über den globalen Klimawandel mit diversen Schlüsselergebnissen für politische Entscheidungsträger. Primär zeigt der Bericht dabei die Folgen einer globalen Erwärmung um 1,5°C – im Vergleich zu 2,0°C – gegenüber vorindustriellem Niveau auf. Gegenwärtig sollen menschliche Aktivitäten bereits ca. 1°C der globalen Erwärmung verursacht haben und nach aktuellen Prognosen zwischen 2030 und 2052 zu einem fortwährenden Anstieg auf 1,5°C führen (IPCC, 2018).

Dieser Trend ist in semi-ariden Regionen, wie der Mongolei, überdurchschnittlich zu beobachten (Dulamsuren et al., 2010). So zeigt der Temperaturverlauf zwischen 1940 und 2001 einen drastischen Anstieg von durchschnittlich 1,66°C (2,14°C IPCC, 2013) unter leicht steigender Aridität in der Mongolei (Batima et al., 2005). Daraus ergibt sich laut IPCC (2013) eine höhere Frequentierung und Intensität von spezifischen Extremwetterereignissen, wie Dzuds, Dürren, Wüstenstürmen und Starkniederschlägen. Das Austrocknen von Flüssen und Seen beschleunigt die Desertifikation, welche über 70% der Grasflächen des Landes beeinflusst (Tao et al., 2014). Zusätzlich hat sich in der Mongolei das Ausmaß von unfruchtbaren Böden zwischen 1992 und 2006 verdreifacht, währenddessen Waldflächen einer Reduktion um mehr als ein Viertel unterlagen (IPCC, 2013). Die Region ist mit fragmentierten und diversen Habitaten belebt, die viele seltene und endemische Spezies der Flora und Fauna beheimaten. Wälder, produktive Grasländer und Süßwasserquellen haben den Nomadismus seit Jahrhunderten angezogen. Solche natürlichen Ressourcen stehen unter den derzeitigen Entwicklungen jedoch teilweise vor der Gefahr des Zerfalls, was u.a. die besondere Vulnerabilität der Mongolei gegenüber dem globalen Klimawandel hervorhebt (Brugger et al., 2018).

Als Resultat des Klimawandels entstehen so für die Volkswirtschaft schwerwiegende sozioökonomische Folgen. Die Viehhaltung zählt zu den größten Wirtschaftssektoren der Mongolei. In den vergangenen Jahren haben Dzuds viele Haushalte dazu gebracht den Nomadismus aufzugeben und in die Städte zu ziehen. Aufgrund fehlender Qualifikationen haben die Betroffenen häufig keine Jobalternativen und fehlende Infrastruktur sowie soziale Sicherungssysteme resultieren in einer inadäquaten Befriedigung der Grundbedürfnisse (DIW, 2018). Durch die zunehmende Urbanisierung steigt die Verschmutzung der Städte und die Probleme akkumulieren sich. Damit wird verdeutlicht, wie wichtig es ist, mehr Transparenz und Evidenz über die Prozesse und Folgen der Klimaveränderungen zu erlangen, um robuste Klimaprognosen und u.a. ein präventives Management erarbeiten zu können (Brugger et al., 2018).

Grundlage dafür ist eine möglichst detailliert aufgeschlüsselte Rekonstruktion der Paläoumwelt und somit auch des früheren Klimas. Dabei haben sich in den vergangenen Jahren terrestrische Blattwachsbiomarker (z.B. *n*-Alkane) als wertvolles Werkzeug für Umwelt- und somit auch Klimarekonstruktionen erwiesen (Diefendorf et al. 2011). Die langkettigen *n*-Alkane, wie z.B. $C_{25}$-$C_{35}$ sind essenzieller Bestandteil epicuticularer Wachse höherer terrestrischer Pflanzen (Eglinton & Hamilton, 1967). Da sie chemischer und physikalischer Degradation gegenüber eine relativ hohe Resilienz aufweisen, können sie über Jahrmillionen in natürlichen Archiven, wie Paläoböden und Sedimenten, erhalten bleiben (z.B. Eglinton & Eglinton, 2008).

Diverse Studien haben gezeigt, dass die respektiven Kettenlängenverteilungen der *n*-Alkane Indikatoren für unterschiedliche

Vegetationstypen sind (z.B. Zech et al., 2010; Schäfer et al., 2016; Bliedtner et al., 2018a). Zech et al. (2010) gehen davon aus, dass Laubbäume und -Sträucher primär die Kettenlängen $C_{27}$ und $C_{29}$ bilden, währenddessen Grasvegetation hauptsächlich durch die Produktion der Kettenlängen $C_{31}$ und $C_{33}$ charakterisiert ist. Bliedtner et al. (2018a) z.B. haben für Ostgeorgien aus den Blattwachssignalen eine sehr gute Differenzierungskraft zwischen Gräsern/Kräutern und Laubbäumen/-Sträuchern und daher die Robustheit des *n*-Alkan Signals als Proxy für Paläovegetationsrekonstruktionen feststellen können. Von Region zu Region können die jeweilig gebildeten Dominanzen der Alkane jedoch differieren. Während Schäfer et al. (2016) für die Region Mitteleuropas die Kettenlänge $C_{27}$ primär für Betula (Birke) dominierte Wälder konstatiert haben, stellten Zech et al. (2010) und Bliedtner et al. (2018a) die Dominanz von Laubbäumen/-Sträuchern, indiziert durch $C_{29}$, in Südosteuropa fest.

Für die Mongolei fehlt die vielversprechende Rekonstruktionsmethode via Blattwachsbiomarker gegenwärtig noch komplett. Ziel dieser Arbeit soll daher erstmals der Versuch sein diese Lücke zu schließen bzw. das Potential für die Region Zentralasiens zu prüfen. Im Rahmen dieser Studie wurden an 4,5 ka alten Seesedimenten des Khar Nuur im mongolischen Altai Blattwachsbiomarker, organischer Kohlenstoff/Stickstoff und ihre stabilen Isotope (CN-Isotopie) analysiert, um das mittlere bis spätholozäne Klima der westlichen Mongolei zu rekonstruieren. Damit Rückschlüsse auf die Vegetationszusammensetzung gezogen werden können, werden langkettige *n*-Alkane genutzt. Alkane, $C_{org}$ Gehalte und $^{13}C/^{15}N$ Isotopie werden verwendet, um zwischen terrestrischen und aquatischen Einflüssen des Sediments und der organischen Substanz zu differenzieren.

## 2 Untersuchungsgebiet

Als eines der bekanntesten Gebirge Zentralasiens teilen sich Russland, die Mongolei, Kasachstan und China den Altai. Mit der Erstreckung über diese vier Länder erreicht er eine südöstliche Ausdehnung von ca. 1200 km und in Russland, am Gipfel des Belucha, eine maximale Höhe von ca. 4500 mNN (z.B. Brugger et al., 2018; Rudaya et al., 2009). Der Nordwesten des Gebirges wird auch als Russischer Altai bezeichnet und geht im Osten fließend in das Sajangebirge über. Im Süden verläuft der Übergang ebenso, ohne markante natürliche Grenze, in den Mongolischen Altai. Hier erstreckt sich das Gebirge aus der nordwestlichen Ecke der Mongolei nach Südosten, wo es bis zum Erreichen des Hochplateaus des Wüste Gobi sukzessive flacher wird (Rudaya et al., 2009).

Durch die zentrale Lage impliziert der Altai eine wichtige kontinentale Klimagrenze in Zentralasien, an der sich die Klimasysteme der Westerlies aus dem Westen (Atlantik) und der ostasiatische Monsun aus dem Osten (Pazifik) treffen (Rudaya et al., 2009; Zhang et al., 2018). Daraus resultiert ein großer Niederschlagsgradient von 800 mm/a im Nordwesten zu < 200 mm/a im Südosten des Gebirges (Brugger et al. 2018). Für das heutige Klima der (semi-) ariden Regionen Zentralasiens wird von einer Dominanz der Westerlies ausgegangen, welche auch die Wasserquelle des Altais ausmachen (z.B. Brugger et al., 2018; Chen et al., 2007). Die zeitliche und räumliche Expansion der Westerlies in der Vergangenheit ist, nach aktuellem Stand der Forschung, nicht gut aufgelöst.

Der für diese Studie analysierte Seesedimentbohrkern (KN18_01) wurde im Juli 2018 aus dem Khar Nuur, im Norden des Mongolischen Altais gelegen, gezogen (Abb. 1). Der See befindet sich auf ca. 2487 mNN, bei den Koordinaten 48°36`32.00`` N und 88°56`10.30`` E, weist eine

Seeoberfläche von ca. 14,2 $km^2$ auf und seine maximale Tiefe (nördliches Teilbecken), aus der auch der KN18_01 entnommen ist, beträgt ca. 58m (Walther et al., 2017). Er grenzt direkt an ein großes Moränensystem, nahe der chinesischen Grenze. Während des Last Local Glacial Maximum (LLGM) im MIS 2 wurde eine Moräne von einem Gletscher des Tsengel Khairkhan Uul (3943 mNN; ca. 10 km östlich des Khar Nuur) abgelagert. Diese Moräne befindet sich im Nordosten des Sees, blockiert seit dem LLGM das Kharganat Gol und ließ ihn durch aufstauendes Wasser des Kharganat Flusses entstehen. Aus diesem Grund ist er oberirdisch abflusslos und eignet sich sehr gut für paläoklimatische Rekonstruktionen. Durch die obere Auftauschicht des active layers in den Sommermonaten und die kleinräumige Verteilung des Permafrostes wird jedoch ein Abfluss über das Grundwasser (Interflow) vermutet (ebda., 2017).

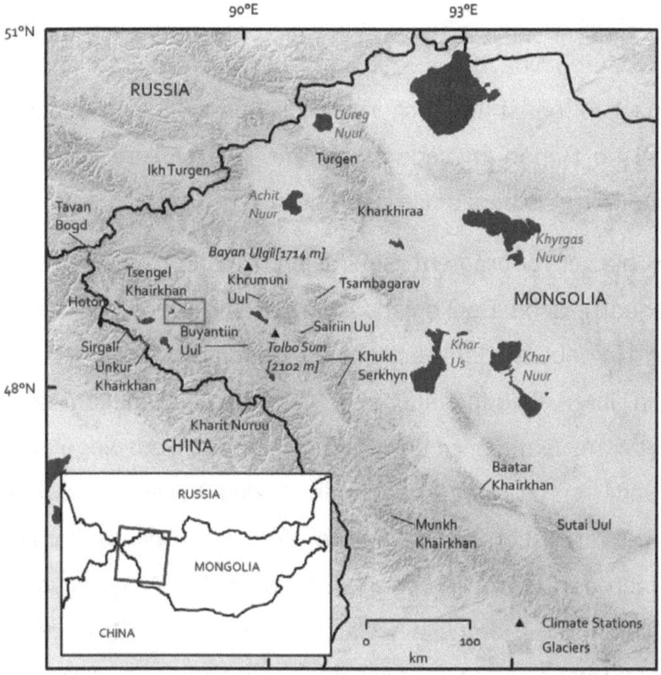


*Abb. 1. Der mongolische Altai mit dem genauen Untersuchungsgebiet des Khar Nuur, welches durch das rote Rechteck hervorgehoben ist. Nicht mit dem großen Khar Nuur im Osten des mongolischen Altai verwechseln (Walther et al., 2017).*

In Abbildung 2 ist der Khar Nuur mit einem Höhenmodell des Einzugsgebietes dargestellt. Darauf ist auch der sich aus der Wasseroberfläche von 14,2 km$^2$ ergebende Küstenverlauf von 20,4 km zu sehen (Tserensodnom, 2000). Das verhältnismäßig kleine Einzugsgebiet (EZG) umfasst ca. 44,8 km$^2$. Die Böden und deren Feuchtigkeit im EZG des Khar Nuur sind durch die Exposition und das Relief beeinflusst (Abb. 2). Die Südseite des Sees verläuft zunächst flach und steigt erst nach ca. 300 bis 500 m steiler, bis zur Bergflanke an. Dementgegen fällt das

Nordufer viel steiler in den See hinein, wird jedoch nicht von einem Berg fortgesetzt, wodurch von dieser Seite ein fluvialer Eintrag aus höheren Lagen auszuschließen ist. Im flacheren südlichen EZG sind relativ feuchte und humusreiche Böden zu finden, während das steilere nördliche EZG von flachgründigen Kastanozemen geprägt ist.

Neben den glazial geprägten Gebirgslandschaften finden sich auch zahlreiche endorheische Beckenlandschaften, wie die des Khar Nuur, in der weiteren Umgebung der westlichen Mongolei. Walther et al. (2017) entdeckten in ihrer Felduntersuchung vier ältere Uferlinien des Sees, welche sich 14 m, 8 m, 5 m und 3 m über dem Seespiegel von 2016 befanden und in der Vergangenheit klimatische Schwankungen (Niederschlag-Evaporation) u./o. andere Zu- und Abflusscharakteristika indizieren. Nach den Beobachtungen im Feld ist das Ausgangsgestein im EZG Tonschiefer. Die Moräne am Ostufer brachte viel Granitgestein, an dem häufig Vergrusung (Verwitterung durch aszendierendes Wasser, was durch Kapillarkraft Minerale heraussprengt) zu erkennen war, mit sich.

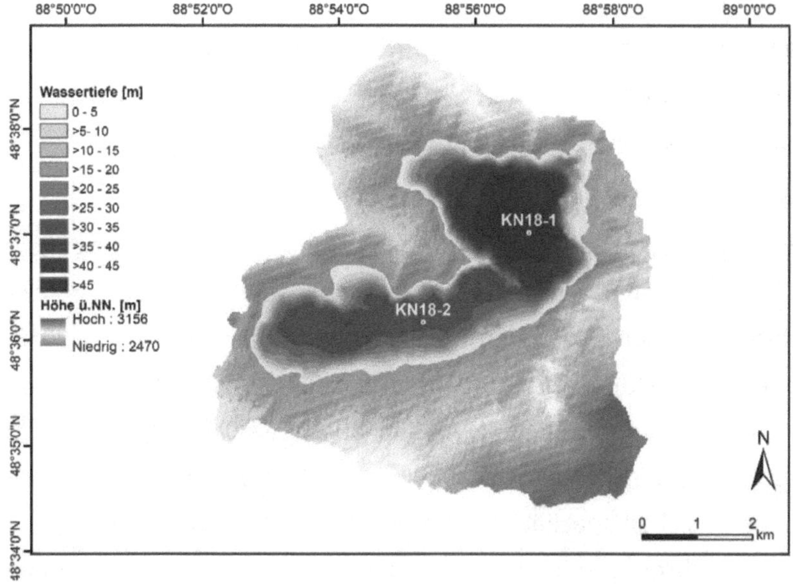


*Abb. 2. Khar Nuur mit beiden entnommenen Sedimentbohrkernen und das gegenwärtige Einzugsgebiet als Höhenmodell.*

Laut Köppen und Geiger wird der mongolische Altai als kaltes und trockenes Wüsten- und Steppenbiom (BWk/BSk) eingeordnet (Kottek et al., 2006). Hierfür sind warme/heiße und trockene Sommer charakteristisch, während die Winter kalt und schneearm, also ebenfalls trocken sind. Die Beschreibung des regionalen rezenten Klimas des Sees folgt den Aufzeichnungen der nächstgelegenen Klimastation in Tsengel, die ca. 35 km nordöstlich liegt. Aufgrund der seltenen Niederschläge, welche mit durchschnittlich 121 mm/a auch sehr gering ausfallen, wird das Klima der Khar Nuur Region als wüstenähnlich (Köppen & Geiger: BWk) beschrieben. Die durchschnittliche Jahrestemperatur beträgt -0,7°C. Mit durchschnittlich 1 mm ist der Februar der Monat mit dem geringsten Niederschlag, währenddessen der meiste Niederschlag im Juli, mit 31 mm fällt. Der Juli stellt neben dem humidesten Monat auch den, mit der höchsten Durchschnittstemperatur von 15,2°C. Auf der anderen Seite ist der Januar, mit durchschnittlich -18,1°C, der Monat mit der niedrigsten Durchschnittstemperatur (https://de.climate-data.org).

Das Vegetationswachstum wird neben der Temperatur auch von der Wasserverfügbarkeit und Bodenfeuchte beeinflusst. Aufgrund der Einschränkungen im Wasserhaushalt leiden die hiesigen Wälder zunehmend unter den semiariden Bedingungen (Dulamsuren et al., 2013; Rudaya et al., 2009). Ansiedlung, Resilienz und das Aussterben von Wäldern sind von der Bodenfeuchte abhängig, welche nicht nur vom Niederschlag geprägt ist, sondern auch von der lokalen Bodenentwicklung und Wasserspeicherkapazität (Henne et al., 2011). Durch die geringe rezente Bodenbildungsrate resultiert eine nival und alpin geprägte Vegetation. D.h. im Untersuchungsgebiet sind Gräser, Kräuter, Rasen, Matten und stellenweise Zwergsträucher, wie die Zwergbirke (*Betula Nana*) zu finden. Die *Betula Nana* wächst jedoch nur an edaphischen Gunstpositionen (Abb. 3), im NW des Sees (Walther et al., 2017). Außerdem bietet hier die Exposition einen besonderen Schutz vor äolischem Angriff und Regentropfenerosion (splash erosion) durch Niederschläge in der Westwindzone und mikroklimatisch geeignetere Prämissen fördern das Wachstum von Kleinsträuchern.

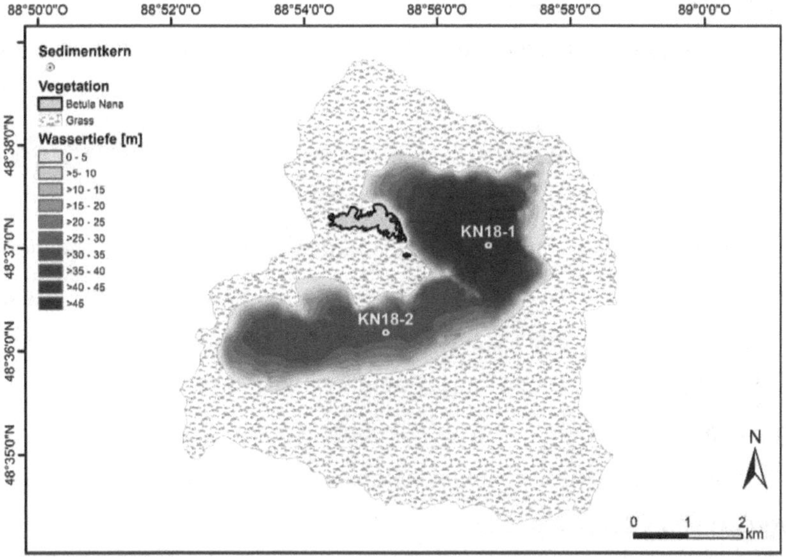


*Abb. 3. Khar Nuur mit beiden entnommenen Sedimentbohrkernen und das gegenwärtige Einzugsgebiet als Vegetationsmodell.*

# 3 Methoden

## 3.1 Kernbohrung und Beprobung

Während der Mongoleiexkursion und Geländearbeit, im Juli 2018 wurden dem Khar Nuur zwei Sedimentkurzkerne entnommen (Abb. 2 & 3). Die beiden Kerne wurden mit einem gravity corer (auch Hammercorer) entnommen. Dabei wird ein transparentes PVC-Rohr durch wiederholtes Hämmern des Schlaggewichts auf die Schlagfassung des Corers in den Gewässergrund getrieben. Währenddessen wird durch das Rohr ein entsprechend tiefer Sedimentkern aus dem Grund gestochen. Anschließend wird, nach Hebung des Corers, das Rohr auf die Länge des ausgestochenen Kerns gekürzt und die Enden luftdicht mit

Kunststoffkappen verschlossen (ICRA.AT). Für diese Arbeit wurde der KN18_01 verwendet, der von der tiefsten Stelle des Sees genommen wurde.

Die genaue Position des KN18_01 ist 48°62'12.8"N und 88°94'91.9"E in einer Tiefe von 58 m (Abb. 2 & 3). Der zweite Sedimentkern (KN18_02) wurde im südwestlichen, flacheren Becken des Sees gezogen, dessen Analyse jedoch nicht Teil dieser Arbeit ist. Geöffnet wurden beide Sedimentkerne im Labor des Instituts für Geographie der Friedrich-Schiller-Universität (FSU) Jena. Dem 141 cm langen KN18_01 wurden daraufhin im Labor des Instituts, in 1 cm Intervallen, Sedimentproben entnommen. Diese Proben wurden anschließend gefriergetrocknet, gemörsert und auf eine Strukturgröße von 40 µm gesiebt.

## 3.2 Radiokohlenstoff- ($^{14}C$) Analyse

Radiokohlenstoffdatierung ist eine weitverbreitete Datierungsmethode in der Archäologie und Paläoumweltforschung, um das Alter von Sedimenten zu differenzieren und Chronologien in Sedimentarchiven zu erstellen (Bowman, 1990). Für diese Arbeit wurde an fünf Proben des Sedimentkerns eine Radiokohlenstoffdatierung des gesamten organischen Kohlenstoffes (bulk $C_{org}$) durchgeführt. Sie wurden am Institut für Geographie der FSU Jena aufbereitet und an der Universität Bern, in der Schweiz datiert. Die Proben wurden von unterschiedlichen Tiefen (10 cm, 40 cm, 66 cm, 110 cm und 141 cm) des Kerns genommen, in Reagenzgläser eingewogen und mit 1N HCl aufbereitet, um die Carbonate aus den Proben zu lösen. Im Anschluss erfolgte für 8h eine Erhitzung auf 60°C, um sie danach mit Reinstwasser pH-neutral zu waschen. Zudem wurden die HCl behandelten Proben, vor der Analyse, in vorgefertigten

Zinnkapseln eingewogen und verpackt (Elementar, 6 x 6 x 12 mm). Die Radiokohlenstoffmessungen liefen unter Verwendung des Mini Carbon Dating Systems (MICADAS) AMS, das mit einem Elementaranalysator gekoppelt war (Wacker et al., 2010; Ruff et al., 2011), am LARA AMS der Schweiz (Szidat, 2014). Die Radiokohlenstoffergebnisse werden als fraction modern ($F^{14}$ C) angegeben, was den Aktivitätsratio einer Probe ($^{12}C/^{14}C$), normalisiert auf das Referenzmaterial Oxalic Acid II, entspricht. Das $F^{14}$ C Signal wurde für den Übergang (carry over) von Probe zu Probe und dem Hintergrund der Zinnkapsel nach Salazar et al. (2015) korrigiert, wobei die Hintergrundkontamination mit 10 kombinierten Kapseln korrigiert wurde. Daraus resultieren 2,16 µg C für eine einzelne Kapsel mit $F^{14}$ C Werten von 0,521 ± 0,01. Das Radiokohlenstoffalter wurde in Jahren BP (2σ-Bereich) unter Verwendung von OxCal (Bronk Ramsey, 2009) und der IntCal13-Kalibrierungskurve (Reimer et al., 2013) kalibriert. Via R package Bacon (rbacon), einem Ansatz zur Modellierung der Alterstiefe, mithilfe von Bayes-Statistiken, wurde die Akkumulationshistorie des Sediments rekonstruiert. Dabei werden Radiokohlenstoff- und andere Daten mit vorherigen Informationen kombiniert (Blaauw & Christen, 2011).

## 3.3 Analyse der CN Gehalte und bulk Isotopie

Auch die Analysen von CN und der stabilen Isotope liefen am Institut für Geographie in Jena. Hier wurden die Sedimentproben mit Zentrifugenröhrchen eingewogen. Man gab 1 N HCl zu den Proben und ließ diese über Nacht bei 60°C reagieren, um die Carbonate zu entfernen. Daraufhin wurde das HCl abdekantiert und die Proben gewaschen, bis auch diese pH neutral waren. Zur Feststellung des Verlustes wurden die Proben vor und nach der Entfernung der Carbonate gewogen.

Anschließend wog man 30 mg der Proben in den Zinnkapseln ein und mit einem Vario-EL-Würfel (CNS Elementaranalysator) wurden die Mengen an Kohlenstoff (C), Stickstoff (N) und Schwefel (S, nicht Teil dieser Arbeit) gemessen. Dem folgte eine Messung auf $\delta^{13}C$ und $\delta^{15}N$ indem der Gasstrom auf einen Isoprime precisION IRMS (Stabilisotopenmassenspektrometer) geleitet wurde. Dabei bezog man die $C_{org}$ Gehalte auf das Anfangsgewicht, während die $\delta^{13}C$ Daten kalibriert und auf den Wiener Pee Dee Belemnite (PDB) Standard bezogen wurden.

## 3.4 Blattwachsanalyse

### 3.4.1 Probenaufbereitung

Der dritte und letzte Analysepunkt verlief ebenso im Institut für Geographie der FSU Jena. Dabei erfolgte eine Analyse der Sedimentproben hinsichtlich ihrer Blattwachse, aus Sedimentproben zur Rekonstruktion der Paläoumwelt- und Klimaverhältnisse in der westlichen Mongolei, im Rahmen eines Biomarker-Laborpraktikums im Wintersemester 2018/2019.

Nach Bliedtner et al. (2018a) erfolgten die Ultraschallextraktion und Aufbereitung der Biomarker. Die Glaswaren und Analyseinstrumente wurden gereinigt und via Ultraschallextraktion der total lipid extract (TLE) aus den Proben gelöst. Hierbei wog man von den 48 getrockneten Proben des KN18_01 Kurzkerns jeweils ca. 5 g (genaue Einwaage s. Anhang) ein und versetzte diese mit 15-20 ml Dichlormethan (DCM) : Methanol (MeOH) in einem Verhältnis von 9:1. Die Proben wurden im Anschluss mechanisch geschüttelt, für 15 min in ein Ultraschallbad gestellt, zentrifugiert und der TLE in beschriftete Extraktionsröhrchen dekantiert. Dieser Vorgang wurde zweimal wiederholt, um danach den TLE einzudampfen bzw.

einzutrocknen. Zur Vorbereitung der Säulenchromatographie stopfte man Glaswolle in Glaspipetten, befüllte diese mit Aminopropyl, sodass sie wiederrum dreimal mit je 1 ml *n*-Hexan konditioniert werden konnten. Auch der eingedampfte TLE wurde dreimal mit *n*-Hexan und Ultraschall gelöst und auf die Aminopropylsäulen gegeben. Nachfolgend kam es zur Aufreinigung und Separierung des TLEs in vier unterschiedliche Fraktionen:

1. Die in den Aliphatenfraktionen enthaltenen *n*-Alkane wurden mit 3 ml *n*-Hexan gelöst.
2. Ketone und Aromaten mit 3 ml *n*-Hexan : DCM im Verhältnis 4:1 eluiert.
3. Alkohole und Sterole mit 3 ml *n*-Hexan : Aceton im Verhältnis 9:1 eluiert
4. Säuren mit 3 ml Ameisensäure : DCM im Verhältnis 98:2

Die vier Fraktionen wurden im Nachgang eingetrocknet. Da sich die n-Alkane in der ersten Fraktion befinden, wurde auch nur diese für die weiteren Analysen verwandt. Bevor die *n*-Alkane am Gaschromatographen (GC) gemessen werden konnten, mussten die Aliphatenfraktionen mit 3 ml *n*-Hexan in 1,5 ml Glasröhrchen transferiert und auf 1 ml aufgefüllt werden. Mithilfe der GC-Messung mit Flammenionisationsdetektor (GC-FID: Agilent 7890B, Agilent Technologies) verliefen die Messungen der Alkane. Über externe Alkan-Standards wurden die Identifizierung und Quantifizierung durchgeführt, um abschließend korrigierte Peaks in den Chromatogrammen zu erhalten.

### 3.4.2 Datenanalyse

Nachfolgend dargestellte Proxys und Ratios wurden auf Grundlage der *n*-Alkankonzentrationen der respektiven Kettenlängen berechnet. Hierbei wird als Summe der *n*-Alkankonzentrationen $C_{21}$-$C_{35}$ in µg/g Trockensediment die Konzentration der *n*-Alkane bestimmt.

Nach Hoefs et al. (2002) berechnet sich die odd-over-even predominance (OEP) wie im Folgenden dargestellt (Gleichung (GL) 1). Niedrige OEP Werte (< 5) implizieren einen hohen Degradationsgrad der *n*-Alkane (Buggle et al., 2010)

$$\mathbf{OEP} = \frac{C_{27}+C_{29}+C_{31}+C_{33}}{C_{26}+C_{28}+C_{30}+C_{32}} \qquad \mathbf{(GL\ 1)}$$

Ficken et al. (2000) erkannten bei Blattwachsanalysen von Wasserpflanzen in Seen, dass deren *n*-Alkane die mittleren Kettenlängen (der langkettigen *n*-Alkane) $C_{23}$ und $C_{25}$ in höherer Konzentration aufweisen. Aus diesem Grund lässt sich anhand des Proxy-Ratios $P_{aquatisch}$ ($P_{aq}$) zwischen aquatischer und terrestrischer Vegetation unterscheiden (GL 2). So indizieren $P_{aq}$ Werte von 0,1-0,4 emergente Makrophyten, $P_{aq}$ Werte von 0,4-1 deuten auf submerse Makrophyten und Werte < 0,1 lassen sich als Indikator für terrestrische Pflanzen interpretieren (ebda., 2000).

$$\mathbf{P_{aq}} = \frac{C_{23}+C_{25}}{C_{23}+C_{25}+C_{29}+C_{31}} \qquad \mathbf{(GL\ 2)}$$

Der ACL (average chain length) gibt die durchschnittliche Kettenlänge der langkettigen *n*-Alkane an und wurde nach Poynter et al. (1989) berechnet (GL 3). Anhand dessen soll zwischen Laubvegetation und Gräsern/Kräutern differenziert werden. Denn Laubvegetation bildet vorzugsweise *n*-Alkane der Kettenlänge $C_{27}$ und $C_{29}$, während Gräser und Kräuter forciert $C_{31}$ und $C_{33}$ ausbilden (Bliedtner et al., 2018a).

$$\mathbf{ACL} = \frac{27C_{27}+29C_{29}+31C_{31}+33C_{33}}{C_{27}+C_{29}+C_{31}+C_{33}} \quad \mathbf{(GL\ 3)}$$

Der *n*-Alkan-Ratio, welcher ebenso zur Unterscheidung der Vegetationsformen dient, wurde hierfür nach Zech et al. (2013) kalkuliert (GL 4). Geringe Werte lassen auf Laubvegetation und hohe Werte auf Gräser bzw. Kräuter schließen.

$$\textbf{\textit{n}-Alkan-Ratio I} = \frac{C_{31}+C_{33}}{C_{27}+C_{29}+C_{31}+C_{33}} \quad \mathbf{(GL\ 4)}$$

Ein zweiter *n*-Alkan-Ratio wurde für weitere Untersuchungen und Interpretationen in der fünften und letzten Gleichung berechnet. Dieser soll unter Ausschluss der Kettenlänge $C_{29}$ weitere Aufschlüsse über die Vegetationsdistribution geben. Wie bereits angesprochen, argumentieren Schäfer et al. (2016), dass die *Betula (Nana)* vornehmlich kürzere Ketten ($C_{27}$) bildet. Daraus leitet sich die Intention ab, diese Dominanz über den *n*-Alkan-Ratio II herauszustellen, da im EZG rezent die *Betula Nana* wächst (Abb. 3).

$$\textbf{\textit{n}-Alkan-Ratio II} = \frac{C_{31}+C_{33}}{C_{27}+C_{31}+C_{33}} \quad \mathbf{(GL\ 5)}$$

# 4 Ergebnisse

## 4.1 Stratigraphie und Chronologie

Im Folgenden erfolgt eine stratigraphische und chronologische Beschreibung des Sedimentkerns KN18_01. In Abbildung 4 ist eine Photographie des Kerns, welche unmittelbar nach der Öffnung im Labor gemacht wurde, seine stratigraphischen Einheiten und die fünf ermittelten Radiokohlenstoffalter zu sehen. An dieser Stelle ist es bedeutsam zu erwähnen, dass die beiden obersten Alter (in Abbildung 4 schattiert und mit einem Stern versehen) ihre Ablagerungszeit überschätzen und somit vom Altersmodell ausgeschlossen werden. Die Gesamtlänge des Kerns (141 cm) wurde in 10 Teilabschnitte unterteilt. Dabei zeigt Unit I eine Stärke von ungefähr 8 cm mit dunkelgrauen Lagen in graubraunem bis gelblichem Material. Auch Unit II weist dünne dunkelgraue Lagen auf, das Material ist jedoch hellgrau gefärbt und der Abschnitt macht ca. 20 cm aus. Dieser wird von einem 4 cm dicken Part gefolgt, welcher durch eine dünne Laminierung in dunkelgrauen Sedimenten gekennzeichnet ist, Unit III. Der dritten und dünnsten Einheit wiederrum schließt sich mit Unit IV eine 14 cm dicke Einheit mit dunkelgrauen bis braunen Schichten an, währenddessen Unit V 6 cm dick und durch dunkele Lagen in dunkelgrauem Material charakterisiert ist. Unit VI, mit einer Stärke von 20 cm, lässt einige Gasartefakte in hellgrauem bis grünem Material erkennen. Mit einer Ausdehnung von 9 cm folgt eine weniger als halb so große Sequenz via Unit VII, die zudem durch dünne braune Lagen, welche in graue Sedimente übergehen, definiert ist. Die 14 cm dicke Unit VIII ist durch dünne Lagen in grünem bis hellgrauem Material charakterisiert. Durch Unit IX wird die mit Abstand dickste Einheit mit ca. 38 cm gebildet, welche viele dünne Laminierungen in hellgrauen Sedimenten aufweist. Abschließend ist die oberste und damit jüngste Einheit (Unit X) durch dunkele Schichten in dunkelgrauem Material definiert.

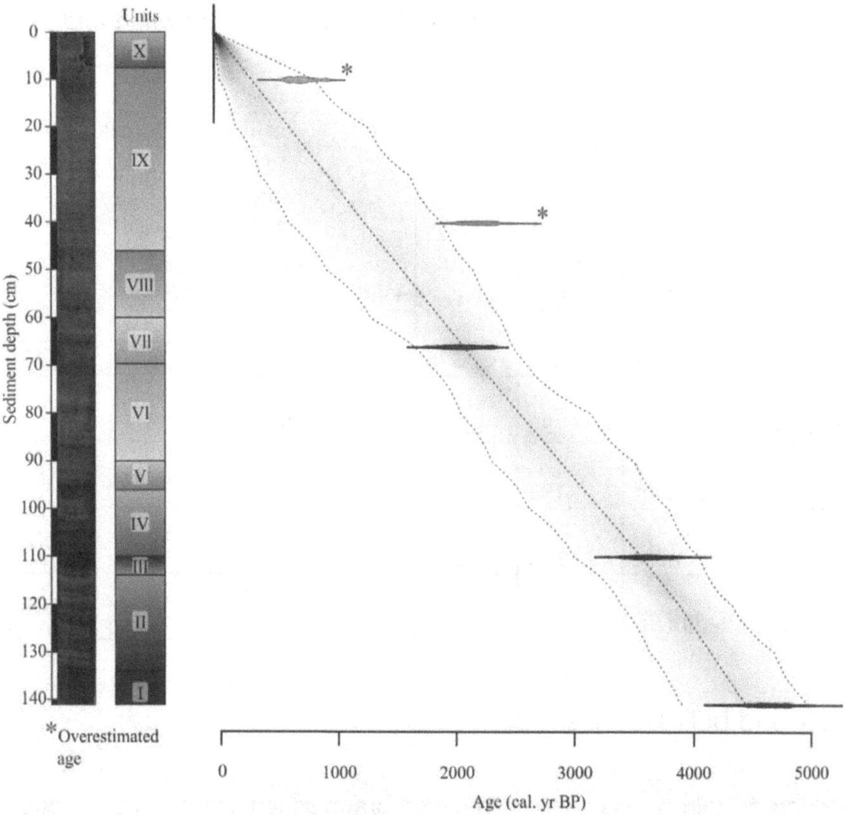


*Abb. 4. Foto des Sedimentkernes KN18_01, seine stratigraphischen Einheiten und fünf Radiokohlenstoffalter.*

Die Radiokohlenstoffdatierungen zeigen für die 5 verwendeten Proben folgte Alter, welche aus Tabelle 1 zu entnehmen sind. Das Alter bei 141 cm beträgt 4613 ± 208 cal. yr BP, bei 110 cm 3620 ± 178 cal. yr BP, bei 66 cm 2051 ± 161 cal. yr BP, bei 40 cm 2190 ± 157 cal. yr BP und bei der Tiefe von 10 cm hat das Sediment ein Aller von 677 ± 115 cal. yr. BP. Bei 40 cm beginnt eine Altersinversion und das Sediment scheint älter als die Messungen der Probe aus 66 cm Tiefe.

*Tab. 1. Radiokohlenstoffalter von fünf Sedimentproben (unkalibriert und kalibriert).*

| | | | uncalibrated | | calibrated (Intcal. 13) | | |
|---|---|---|---|---|---|---|---|
| Sample label | Material | Carbon mass (µg) | age (y) | +-(y) | Age range (2σ) [cal. y BP] | Age (cal BP, µ) | ± |
| | | | | | | | |
| KN18_1_10 | Sediment | 268 | 576 | 117 | 501-925 | 677 | 115 |
| KN18_1_40 | Sediment | 98 | 2.124 | 112 | 1880-2676 | 2190 | 157 |
| KN18_1_66 | Sediment | 193 | 1.978 | 110 | 1737-2342 | 2051 | 161 |
| KN18_1_110 | Sediment | 195 | 3.297 | 123 | 3251-3981 | 3620 | 178 |
| KN18_1_141 | Sediment | 184 | 4.068 | 131 | 4155-5034 | 4613 | 208 |

## 4.2 CN und bulk Isotopie

Abbildung 5 zeigt – visualisiert in einer graphischen Darstellung – das Tiefenprofil, welches sich aus den Ergebnissen der CN und bulk Isotopie, ergibt. Im Anhang ist die dazugehörige Tabelle abgebildet, die als Datengrundlage der Abbildung 5 dient. Die $N_{tot}$ Werte reichen von 0,27% bis 0,81%. Ein Blick auf den Tiefenplot lässt vier positive Peaks in Kerntiefen von 134/136 cm, 96 cm, 70 cm und 8 cm ablesen. Aus den Daten des $\delta^{15}N$ in der Luft ist ein Wertespektrum von 2,67‰ bis 6,81‰ zu erkennen. Ungefähr die Hälfte der Proben bewegen sich dabei homogen im geringeren Promillebereich, zwischen 3 und 4 und in Betrachtung des

Graphen lassen sich fünf positive Peaks, welche rasch ansteigen, ausmachen. Der Erste (130 cm) bildet zugleich den Maximalwert von knapp 7‰. Auf 96 cm, 58-62 cm, 38/40 cm und (26 cm) befinden sich drei (vier) weitere Spitzen, welche sich um 6‰ bewegen. Die $C_{org}$ Werte reichen von 1,8% bis 5,7% und die Kurve zeigt drei positive Spitzen in einer Sedimenttiefe von 136 cm, 70 cm und 8 cm. Die Werte des $\delta^{13}C$ reichen von -29,85‰ bis -24,50‰ (VPDB) und zeigen drei markante Abschnitte. In der ersten Untergliederung, von 141 cm bis ca. 105 cm, verlaufen die Werte konstant um -26‰. Der darüber liegende Part, von 105 cm bis 40 cm zeigt positivere $\delta^{13}C$ Werte, um -24‰, welche nach oben sukzessive negativer werden. Im obersten Abschnitt – von 40 cm bis 0 cm – forciert sich der Negativtrend und die $\delta^{13}C$ Werte sinken unter -29‰. Hier ist zu erwähnen, dass einer der $\delta^{13}C$ Werte, in einer Sedimenttiefe von 68 cm, leider nicht ermittelt werden konnte. Das C/N Verhältnis wird aus dem Anteil $C_{org}$ und $N_{tot}$ ermittelt. Die sich daraus ergebenen Werte reichen von 6,55 bis 9,40. Im untersten Abschnitt, von 140 cm bis 106 cm, sind zwei positive Peaks (9,08; 8,71) und ein Negativer (6,7) auszumachen, während sich die anderen Werte hauptsächlich um den Wert 8 bewegen. Der zweite Abschnitt (106 cm bis 48 cm) beginnt mit einer Regression der Werte auf den dortigen negativen Peak von 6,56 und steigen anschließend rapide auf den positiven Peak von 9,4 an. Danach pendeln sich einige kleinere Amplituden auf ein homogenes Ende von sechs Proben, um den Wert 7,2 ein. Solche kleinen Amplituden definieren den obersten Abschnitt, indem ca. 90% der Werte nahezu alternierend zwischen 8 und 9 springen.

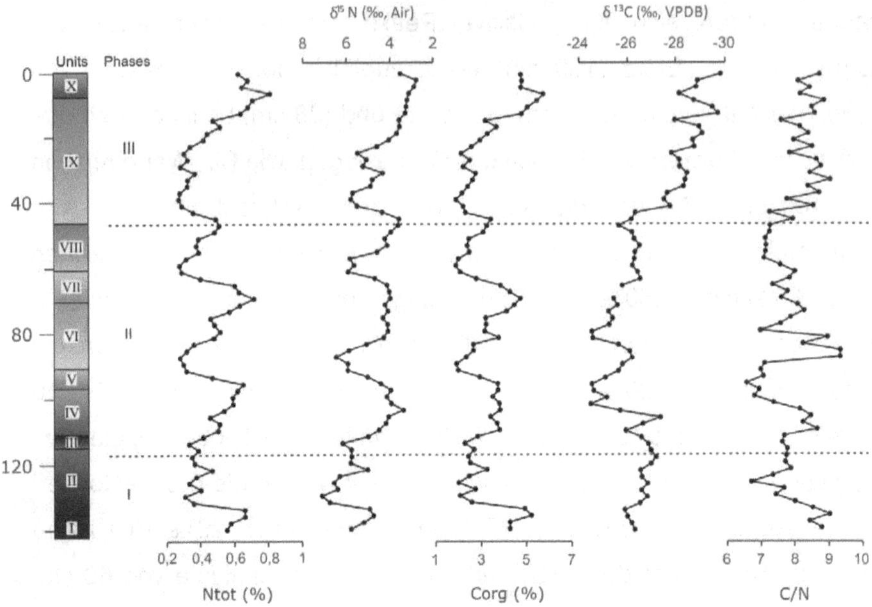


*Abb. 5. Tiefenprofil von KN18_01 mit den Ergebnissen der CN und bulk Isotopie zeigt den kompletten Stickstoffgehalt (Ntot) und dessen δ15N Isotopie, den Gehalt an organischem Kohlenstoff (Corg) und dessen δ13C Isotopie, sowie das Kohlenstoff-/Stickstoff (C/N).*

## 4.3 Blattwachsbiomarker

Ähnlich der CN (bulk) Isotopie wurde eine Abbildung aus der Blattwachsanalyse mit den bereits in den Methoden vorgestellten Ratios erstellt (Abb. 6). Auch hier ist die zur Darstellung gehörende Tabelle mit den Daten zur Blattwachsanalyse im Anhang aufgeführt. Die Werte der *n*-Alkankonzentrationen der Kettenlängen $C_{21}$-$C_{35}$ belaufen sich zwischen 0,10 µg/g bis 4,29 µg/g Trockensediment, wobei die oberste Probe (2 cm und 4,29 µg/g) stark aus dem Raster fällt (ohne Probe auf 2 cm: 0,1 µg/g – 1,5 µg/g). Der Graph der Konzentration lässt sich grob in drei auffallende

Hauptphasen untergliedern. In der ersten Phase, zwischen 141 cm und 106 cm, erscheinen die Werte verhältnismäßig heterogen, zwischen ungefähr 0,5 µg/g und 1,4 µg/g. Die anschließende zweite Phase, im Bereich 106 cm bis 42 cm, weist einen homogenen Verlauf bei Werten zwischen ca. 0,15 µg/g und 0,6 µg/g auf. Selbst unter Ausschluss der obersten Probe (4,29 µg/g) ist in der dritten und obersten Phase (42 cm bis 6 cm) wieder ein deutlich heterogenerer Trend, im Wertebereich von 0,1 µg/g bis 1,5 µg/g, zu konstatieren. Beim OEP bewegen sich die Werte im Bereich zwischen 6,49 bis 8,47. Mit einem Blick auf den Graphen lassen sich auch hier drei Hauptphasen differenzieren. Einen stetigen Aufwärtstrend verzeichnen die Werte im ersten Abschnitt, von 141 cm bis 122 cm (6,52 bis 7,49). Der zweite Abschnitt – zwischen 122 cm bis 50 cm – lässt den ansteigenden Trend zwar fortsetzen, zeigt jedoch weitaus stärkere Amplituden mit zwei markanten negativen Peaks (90 cm: 7,06; 62/58 cm: 7,27/7,26). Nimmt man die beiden negativen Peaks heraus, so liegen die Werte in diesem Bereich konstant über 8. Auf der anderen Seite zeigen die Werte im obersten Tiefenbereich – zwischen 50 cm bis 0 cm – einen sukzessiven Abwärtstrend von 7,25 bis 6,46. Der $P_{aq}$ weist Werte, in vergleichsweise kleinem Spektrum, von 0,19 bis 0,48 auf. Die erste und unterste der drei untergliederten Phasen des $P_{aq}$, von 141 cm bis 118 cm, verläuft primär um den Wert 0,45, mit einem offensichtlichen negativen Peak bei 130/126 cm von 0,23/0,26. Von 118 cm bis ungefähr 18 cm lässt sich die zweite, recht große Phase ausmachen. In dieser Phase kommt es bis zu 106 cm zu einer Steigung zum einzig ersichtlichen positiven Peak, mit einem Wert von 0,47. Dem schließt sich ein erst rapider Absturz auf 0,30 an, welcher sich sukzessive um einen Wert von 0,20 einpegelt und ca. nach dem zweiten Drittel wieder moderat auf 0,27 ansteigt. Abschließt bildet die letzte Phase einen kleinen Abschnitt von 18 cm bis 0 cm. Dabei reichern sich die Werte relativ stark von 0,34 bis 0,48 – mit einem kleinen

Bruch auf 6 cm und einem Wert von 0,35 – an. Wie beim $P_{aq}$, bewegen sich auch die Werte des ACL – von 29,36 bis 29,74 – in einer kleinen Variationsbreite. Das hieraus aufgestellte Phasentrio beginnt mit der Ersten, zwischen 141 cm und 106 cm. Hier zeigt sich ein positiver Peak bei 130 cm und einem Wert von 29,68, währenddessen die anderen Proben hauptsächlich um 29,40 mit einer kleinen Amplitude bis max. 29,52 liegen. Zum Ende dieser Phase und im Übergang zur Zweiten (130 cm bis 14 cm) steigen die Proben sukzessive bis auf 29,70 an, um diese Werte sie sich in der zweiten Phase größtenteils, mit kleinen Einbrüchen auf min. 29,60, ansiedeln. Ein negativer Peak lässt sich aus der abschließenden kleinen Phase Drei – von 14 cm bis 0 cm – erkennen. Dieser negative Peak beläuft sich bei 29,36 (6 cm) und steigt direkt zur obersten Probe (2cm), verhältnismäßig abrupt, auf 29,57 an. Mit dem *n*-Alkan Ratio wird der Ratio mit der geringsten Bandbreite der Werte, welche sich zwischen 0,38 und 0,49 befinden, gebildet. Betrachtet man die Kurve des *n*-Alkan Ratio, so lässt sich durch die Gleichungen (GL 3 & GL 4) bedingt ein beinahe kongruenter Verlauf zum ACL ablesen. Auch der zweite aufgestellte *n*-Alkan Ratio verhält sich sehr ähnlich. Jedoch verläuft der Graph ca. zwei Zehntel über dem des ersten *n*-Alkan Ratio, was durch das Weglassen der Kettenlänge $C_{29}$ begründet ist und weist zwischendurch etwas größere Sprünge zwischen den einzelnen Proben auf. Das Wertespektrum des *n*-Alkan Ratio II deckt einen Bereich von 0,58 bis 0,69 ab.

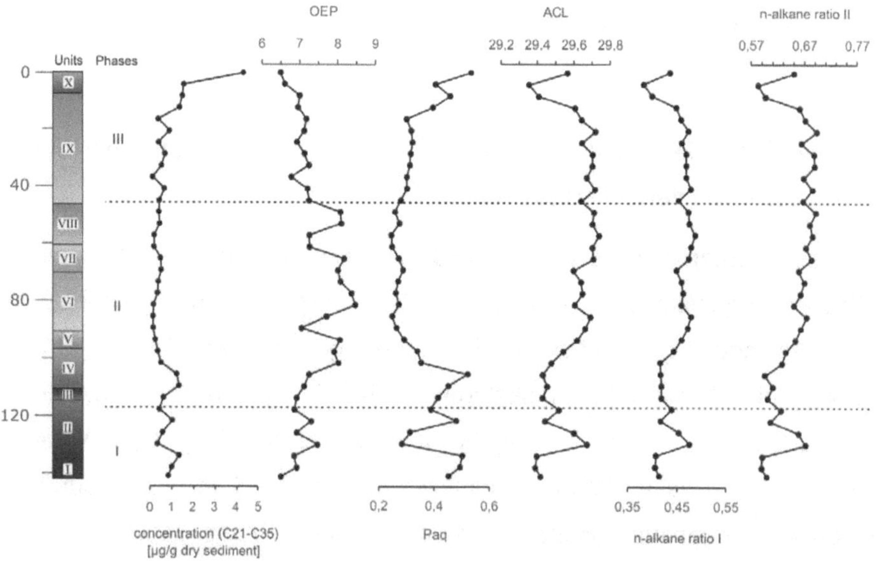


*Abb. 6. Tiefenprofil von KN18_01 mit den Ergebnissen der Blattwachsbiomarker zeigt die Konzentration der Alkane, den OEP, Paq, ACL, n-Alkan Ratio I und n-Alkan Ratio II.*

# 5 Diskussion

Die Struktur der Diskussion ist an die Gliederung der Ergebnisse gekoppelt. Aus diesem Grund wird über die CN und bulk Isotopie als erstes die aquatische und terrestrische Herkunft der Sedimente und organischen Substanz interpretiert. Anschließend folgt die Interpretation der Signale aus den Blattwachsbiomarkern, um abschließend die paläoklimatische Rekonstruktion mit diversen Korrelationen diskutieren zu können. Auf Grundlage anderer Studien werden die Interpretationen erst einmal nach den dort eruierten Deutungsmustern isoliert erfolgen. Im Verlauf der Paläorekonstruktion wird die Intention verfolgt, eventuelle Unstimmigkeiten in den einzelnen Parametern kritisch zu reflektieren.

## 5.1 Aquatischer vs. terrestrischer Ursprung der Sedimente im KN18_01

Im Folgenden sollen die in den Ergebnissen vorgestellten Daten der CN und bulk Isotopie interpretiert werden.

In Seesedimenten kann $C_{org}$ und $\delta^{13}C$ Hinweise auf den terrestrischen und/oder aquatischen Ursprung des organischen Materials, Sedimentablagerungen und erosive Dynamiken geben. Zusätzlich zum $C_{org}$ sind $N_{tot}$ und $\delta^{15}N$ außerdem Indikatoren für die Primärproduktion (Bowman et al., 2018). Vor allem die negativen $\delta^{13}C$ und niedrigen $C_{org}$ Werte sprechen in der Phase I für einen dominierend terrestrischen Eintrag durch Erosion. Durch genauere Betrachtung des $C_{org}$ kann Phase I noch einmal in zwei Subeinheiten untergliedert werden. Die untersten vier Proben, bis zu $C_{org}$ Anteilen von > 5%, lassen auf eine eher aquatische Herkunft schließen und die darauffolgenden negativeren Werte des organischen Kohlenstoffs definieren ein eher terrestrisches Signal. Auf der anderen Seite verfolgen die Werte in Phase II einen positiveren Trend und indizieren daher eine Dominanz des aquatischen Ursprungs in diesem Bereich. Im Übergang von Phase II zu Phase III fällt die $\delta^{13}C$ Kurve relativ stark ab. Sie verläuft in der obersten Phase III am Negativsten und zeigt damit, im Vergleich zu Phase I, forcierter auf einen terrestrischen Ursprung durch erhöhte Erosion. Die Altersinversion der $^{14}C$ Alter würde ein erosives Ereignis bei ca. 45 bis 50 cm, am Übergang von Phase II zu Phase III, stützen (Abb. 4 & 5). Diese Annahme wird durch niedrige $C_{org}$ Werte im ersten Drittel dieser Phase unterstrichen, welche jedoch im obersten Drittel noch einmal ansteigen (Abb. 5). Hier ist anzumerken, dass z.B. McKenzie (1985) sowie Meyers & Teranes (2001) für das $\delta^{13}C$ den Wertebereich von -25‰ bis -31,2‰ als gewöhnliches Spektrum aquatischer Produktion und von -15‰ bis -10‰ für terrestrische Produktion definiert haben. Dies wurde hier als Kontinuum mit respektiven Dominanzen in die jeweilige Richtung interpretiert. Trotz alledem zeigen $C_{org}$ und $\delta^{13}C$ markante Unterschiede im Verlauf des Kerns. Besonders im $\delta^{13}C$ sind die Unterschiede so deutlich (2-3‰), dass zwischen aquatischer und terrestrischer Herkunft unterschieden werden kann. Eher negativere Werte, zwischen -27‰ und -30‰, wie in Phase I und vor allem in Phase III, stammen vornehmlich von terrestrischen $\delta^{13}C$ Pflanzen. Dem gegenüber indizieren positivere Werte, zwischen -24‰ und -26‰, ein Signal von aquatischen $\delta^{13}C$ Pflanzen (Xu et al., 2006).

Theoretisch ließe sich mithilfe des C/N Verhältnisses auch zwischen terrestrischen (auch Gefäß- oder Landpflanzen) und aquatischen Pflanzen (Algen und Plankton) unterscheiden. Landpflanzen sind reich an Ballaststoffen und weisen geringere Proteingehalte auf. Bei Algen und Plankton kehrt sich dieses Verhältnis um, warum Landpflanzen C/N Verhältnisse von > 20 und Algen und Plankton allgemein < 10 aufweisen (Meyers, 1997; Müller & Voss, 1999; Meyers, 2003). Nach dem C/N Verhältnis zu urteilen, zeigen sich in der untersten Phase I anfänglich noch Tendenzen zu mehr allochthonem Eintrag (8-9), während der Trend in Richtung Ende dieser Phase stark zu autochthonen Signalen (bis < 7) verläuft. In der Phase II könnte durchschnittlich auch von dominierend aquatischen Einträgen gesprochen werden. Erwähnenswert ist in der Mitte dieser Phase, auf ca. 80 cm, ein Ausschlag auf Werte über 9, welche vermehrt Einträge aus dem EZG indizieren. Im Allgemeinen zeigen sich in der obersten Phase III die höchsten Werte (8-9) des C/N Verhältnisses und somit die größten terrestrischen Anteile. Generell erweist sich die Interpretation des C/N Graphen äußerst diffus und schwierig, was u.a. durch das Spektrum der aquatischen und terrestrischen Herkunft von z.B. Meyers (1997), Müller & Voss (1999) und Meyers (2003) zum Ausdruck kommt. Nach den definierten C/N Bereichen würde sich der gesamte Kern im Bereich von aquatischen Pflanzen (< 10) befinden und es ließen sich daraus maximal Tendenzen zu terrestrischen Pflanzen (> 20) ausmachen. Außerdem gilt zu beachten, dass das C/N Verhältnis nur für $C_{org}$-reiche Sedimente aussagekräftig ist, da in $C_{org}$-armen Ablagerungen ein bedeutender Anteil des Stickstoffs als anorganische Ammoniumionen an Tonminerale gebunden vorliegen können, was das C/N Verhältnis zu stark reduziert (Stein, 1991). Dadurch entsteht ein zweiter Limitierungsfaktor in der Interpretation des C/N Verhältnisses.

Die Primärproduktion, z.B. in limnischen Ökosystemen, ist stark von den klimatischen Bedingungen determiniert (Bowman et al., 2018), so generiert ein wärmeres Klima eine höhere Bindung von organischem Kohlenstoff (Dietrich & Sirocko, 2012) und damit wiederum eine größere Primärproduktion. Primärproduzenten in Seesedimenten sind Phytoplankton (wichtige Quelle autochthoner organischer Substanz) und verwurzelte Makrophyten (Etter, 1994). Neben dem Kohlenstoff sind auch Variationen im Stickstoffgehalt auf Schwankungen des organischen Materials zurückzuführen. Höhere Werte lassen hierbei auf eine größere biogene Produktivität schließen (Wagner et al., 2004). Aus diesem Grund stützen die beinahe kongruenten Verläufe von $C_{org}$ und $N_{tot}$ die vorangegangenen Interpretationen der Sedimentherkunft. Die positiven Spitzen von $C_{org}$, $N_{tot}$ und $\delta^{15}N$, am Anfang der Phase I, dem letzten Drittel der Phase II (ca. 70 cm) und Ende der Phase III indizieren eine hohe Primärproduktion (Abb. 5). Dem Umstand geschuldet, dass zu viele Unstimmigkeiten in den Trends des C/N Verhältnisses und im weiteren Verlauf auch im $\delta^{15}N$ zu erkennen sind, lassen sich daraus keine robusten Interpretationen ableiten. Durch fundiertere Übereinstimmung mit anderen Studien erscheinen die Schlussfolgerungen und Interpretationen der $C_{org}$

und $\delta^{13}C$ Daten für diese Arbeit konsistenter und robuster. Aus den Verläufen von $C_{org}$ und $\delta^{13}C$ ergäbe sich demnach, in den drei Hauptphasen, ein Herkunftsmuster der Sedimente und organischen Substanz von aquatisch/terrestrisch – aquatisch – terrestrisch.

## 5.2 Blattwachsbiomarker im KN18_01

In diesem Kapitel werden die Daten der modernen und vielversprechenden Blattwachsbiomarker-Rekonstruktionsmethode interpretiert. Das OEP Signal zeigt über den gesamten Sedimentkern recht eindeutige Werte. Dabei sind alle > 5, was ein Hinweis für gute Erhaltung und somit geringe Degradation der *n*-Alkane (organischen Substanz) ist. Daher wird eine robuste Rekonstruktion früherer Vegetationsmuster und der Paläoklimabedingungen aus den Daten ermöglicht (Bliedtner et al., 2018a; Buggle et al., 2010). Auch die Konzentration an Alkanen zeigt ausreichend hohe Werte, sodass sich stabile Interpretationen aus den Daten ableiten lassen.

Ähnlich der bereits genannten CN Isotopie-Parameter, lässt sich theoretisch auch mit dem $P_{aq}$ der Biomarker zwischen aquatischem und terrestrischem Ursprung der Sedimente differenzieren. Die vornehmlich durch die $\delta^{13}C$ und $C_{org}$ Daten gestützten und dadurch abgeleiteten Hauptphasen (aquatisch/terrestrisch – aquatisch – terrestrisch) der Herkunft des Sediments sollen nachfolgend mit dem $P_{aq}$ der Biomarker verglichen werden. Wie auch bei den $C_{org}$ Werten, lässt sich die Phase I aus dem $P_{aq}$ ebenso in zwei Subeinheiten untergliedern. Hier sprechen die relativ hohen Werte zu Beginn für eine Dominanz an submersen Makrophyten und damit verstärkt autochthonem Eintrag. In der zweiten Hälfte der Phase I sinkt der $P_{aq}$ stark ab, was einen Indikator für höhere

Einträge aus dem EZG von Landpflanzen bzw. ein Mischsignal darstellen würde. Daher zeigen die Differenzierungsgrößen zwischen aquatischer und terrestrischer Herkunft der CN und bulk Isotopie und Blattwachse in der Phase I ähnliche Trends (Abb. 5 & 6). Es können jedoch erst $P_{aq}$ Werte von < 0,1 als klares terrestrisches Signal gedeutet werden. Somit müsste die Phase I nach den Biomarkern generell als aquatische Phase durch Makrophyten bzw. ein Mischsignal interpretiert werden (Ficken et al., 2000). Im Gegensatz zu den Kenngrößen der CN und bulk Isotopie verläuft der $P_{aq}$ in Phase II – mit einer kleinen Ausnahme am Anfang – über den gesamten Verlauf ziemlich homogen, im niedrigen Wertebereich, zwischen 0,2 und 0,3. Während die anfänglich relativ hohen Werte noch für mehr aquatische Anteile im Sediment sprechen würden, zeigen die sonst überwiegend niedrigen Werte eine generelle Antikorrelation zu den CN und $\delta^{13}C$ Daten und ein allgemein terrestrisches Signal in Phase II. Dieser Trend setzt sich im $P_{aq}$ auch in der Phase III fort und zeigt weiterhin auf eine terrestrische Dominanz und somit mehr allochthone Einträge. Ficken et al. (2000) definieren diesen Bereich (0,1-0,4), angewandt auf Sedimentproben anstatt auf Pflanzenproben, aber auch als mögliches Mischsignal terrestrischen und aquatischen Einflusses (autochthon/allochthon). Letzteres erscheint für die vorliegenden Daten plausibler, da die Einträge in den See vermutlich über weite Zeiträume von Blattwachsen terrestrischer Pflanzen aus dem EZG dominiert wurden. Die letzten Proben steigen dann noch einmal stark an und beschreiben, in einem Bereich zwischen 0,3 und 0,5, wiederrum ein Mischsignal zwischen emergenten (0,1-0,4) und submersen (0,4-1,0) Makrophyten und damit eine Tendenz zu mehr aquatischem Einfluss (ebda., 2000). Daraus ergäbe sich für die drei Hauptphasen, abgeleitet aus dem $P_{aq}$, ein generelles Herkunftsmuster von aquatisch/terrestrisch – terrestrisch – terrestrisch. Somit zeigt sich aus dem Schema bereits eine Diskrepanz zu den CN und

$\delta^{13}C$ Interpretationen. Aus den Graphen fällt zudem ein weitaus homogenerer Verlauf der $P_{aq}$ Kurve auf, was ein zusätzliches Indiz für Probleme in der Korrelation zwischen den CN Daten und dem $P_{aq}$ ist. Im Rahmen der Analyse wurde außerdem eine Wasserpflanze (KNW48) als Referenz untersucht. Deren Kettenlängenverteilung ist in der Abbildung 7 als Histogramm dargestellt. Daraus ist ersichtlich, dass diese Pflanzen bevorzugt die kürzeren Kettenlängen – vor allem $C_{23}$ und $C_{25}$ – ausgebildet hat. Auch die Kettenlängen $C_{27}$ und $C_{29}$ werden, im Vergleich zu den erwarteten $C_{31}$ und $C_{33}$, überproportional generiert. Damit wird der Eindruck vermittelt, dass durch Wasserpflanzen ein Vegetationssignal von Laubbäumen und Sträuchern ausgesendet werden könnte.

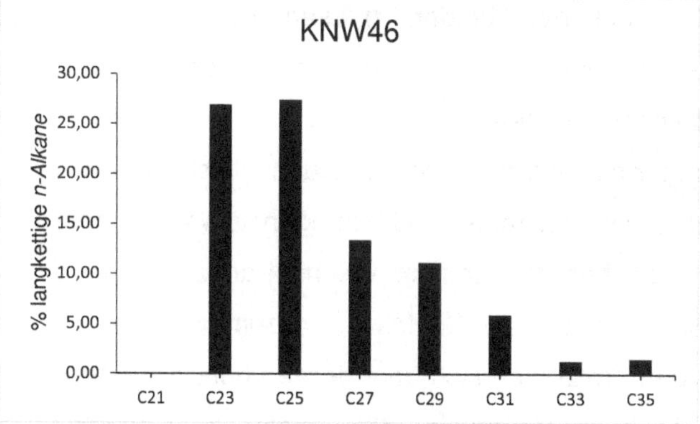


*Abb. 7. Histogramm der langkettigen n-Alkane einer Wasserpflanze (KNW46) des Khar Nuur.*

Aufgrund der Geologie ergeben sich bei der Analyse der Blattwachse zusätzliche Limitierungscharakteristika. So ist, wie im Kapitel 2 bereits beschrieben, das Ausgangsgestein im EZG des Khar Nuur durch eine Dominanz von Tonschiefer gekennzeichnet. Nach Analysen von Bliedtner et al. (2018b) produziert der Tonschiefer fossile *n*-Alkane auf allen

Kettenlängen, von $C_{21}$ bis $C_{35}$. Aus diesem Grund kommt aus dem EZG des Khar Nuur immer eine fossile Komponente, jedoch ohne OEP, die den Alkanen aus Blattwachsen unterliegt. Das wiederum kann entgegengesetzte Trends des $P_{aq}$ im Vergleich zu den CN Trends erklären. Denn sobald der terrestrische Eintrag, aufgrund von hoher Erosion dominiert, werden viele Alkane aus dem Tonschiefer in den See getragen und die Konzentration an kurzkettigen Alkanen erhöht sich. Als Ergebnis kann der $P_{aq}$, mit forciert aquatischen Anteilen, ein Fehlsignal induzieren. Die genannten Prämissen machen die Interpretation des $P_{aq}$, ähnlich dem C/N Verhältnis, sehr schwierig und sollten, wenn überhaupt, unter äußerster Vorsicht angestellt werden.

Mit dem ACL und den beiden *n*-Alkan Ratios können respektive Dominanzen spezifischer Kettenlängen eruiert werden. Diese drei Graphen verlaufen dementsprechend, wie bereits in den Ergebnissen angesprochen, formelbedingt nahezu deckungsgleich (Abb. 6). Der *n*-Alkan Ratio I verläuft etwas konstanter und homogener, währenddessen der ACL und Ratio II zwischendurch kleinere Wechsel anzeigen. Mit dem *n*-Alkan Ratio II soll die Relevanz der $C_{27}$ fokussiert zum Vorschein gebracht und analysiert werden. So zeigen sich über dessen heterogeneren Verlauf evtl. kleinere Wechsel in der Verbuschung des regionalen Umfeldes (Schäfer et al., 2016). In den Graphen des ACL und den beiden Ratios zeigen sich in der Phase I höhere Anteile der kürzeren Kettenlängen ($C_{27}$ u. $C_{29}$). Ab dem zweiten Drittel der Phase II forciert sich die Konzentration der längeren Ketten ($C_{31}$ u. $C_{33}$), während in der obersten Phase III die kürzeren Kettenlängen wieder vermehrt auftreten. Aus diesen Trends ließe sich in der Phase I ein konzentrierteres Vorkommen von Laubbaum- und Strauchvegetation interpretieren. Zum zweiten Drittel der Phase II käme es demnach zu einem Wechsel in Richtung Gräser und Kräuter, welcher bis zum letzten Drittel der Phase III anhält, wo wieder eine Dominanz der Laubbäume/Sträucher induziert wird (Bliedtner et al., 2018a). Da die *Betula Nana* jedoch auch die Bildung der $C_{27}$ präferiert, wäre das kurzkettige Signal in Phase I auch auf eine Verbuschung im EZG zurückzuführen (Schäfer et al., 2016), welches zudem im letzten Drittel der Phase III zu erkennen ist. Wie aus der Karte der rezenten Vegetationsdistribution (Abb. 3) zu erkennen und auch vor Ort zu sehen war, ist das EZG des Khar Nuur heute ausschließlich durch die *Betula Nana* im NW des Sees von größerer Vegetation besiedelt. Da es aktuell noch keine regionale moderne Kalibrierung für diese Region gibt, erweisen sich Vergleiche als äußerst schwierig. Aufgrund der durchschnittlich relativ geringen Temperaturen und der hohen Aridität kann die Ausbildung der Alkane zudem so beeinträchtigt werden, dass die Interpretationsschemata aus anderen Regionen (z.B. Zentraleuropa, Südosteuropa und Südamerika) nicht angewendet werden können bzw. sich nur bedingt eignen. Dadurch resultiert eine verhältnismäßig kurze Vegetationsperiode und es kann in glazialen Phasen der Vergangenheit zu einer längeren Eis- und Schneebedeckung gekommen sein. So könnte sich auch das diffuse und weitläufig homogene Signal des $P_{aq}$ erklären lassen, was keine evidenten Interpretationen zulässt.

## 5.3 Rekonstruktion des Paläoklimas und der Umwelt im Mongolischen Altai

In diesem letzten Kapitel werden nun die Interpretationen aus der CN und bulk Isotopie und Blattwachsbiomarker diskutiert sowie mit anderen Proxys korreliert. Dabei sollen die aus der CN und bulk Isotopie abgeleiteten Trends des aquatischen und terrestrischen Ursprungs des Sediments und der organischen Substanz mit den Vegetationsmustern der Biomarker verglichen werden. Mithilfe der $^{14}C$ Daten, welche dem Altersmodell zugrunde liegen, können den jeweiligen Phasen entsprechende Zeitspannen zugeordnet werden.

### 5.3.1 Phase I (4,5 cal. ka BP bis 3,8 cal. ka BP)

Die erste und unterste Phase des Kernes definiert die Zeitspanne von ungefähr 4,5 cal. ka BP bis 3,8 cal. ka BP. Während dieser Phase zeigen $C_{org}$ und $\delta^{13}C$ anfänglich, durch verhältnismäßig hohe/positive Werte, ein aquatisches Signal. Der Negativtrend beider Kurven, ab dem zweiten Drittel dieser Phase, wäre ein Indiz für einen Wechsel zu mehr terrestrischem Eintrag durch erosive Dynamiken. In Verbindung mit dem nahezu kongruenten Einbruch des $N_{tot}$, spricht der $C_{org}$ zusätzlich für eine Reduktion der biogenen Aktivität (Bowman et al., 2018). Simultan zeigen der ACL und die *n*-Alkan Ratios zu Beginn eine Antikorrelation zu den genannten Parametern der CN und bulk Isotopie (Abb. 5 & 6). Während $C_{org}$ und $N_{tot}$ recht hoch sind, zeigt sich über die Biomarker eine Dominanz der kürzeren Kettenlängen (niedrige(r) ACL und *n*-Alkan Ratios) und umgekehrt. Daraus wird die plausible Annahme suggeriert, dass sich zu Zeiten höherer (niedrigerer) Primärproduktion mehr Laub- und Strauchvegetation (mehr Gräser und Kräuter) gebildet haben. Dieses Verhältnis ist jedoch nicht beständig und muss damit als randomisiert bewertet werden. Untersuchungen an einem Eisbohrkern, aus dem Tsambagarav Berg im mongolischen Altai entnommen, zeigen hohe Anteile an terrestrischen Baum- und Strauchpollen für die Zeit von 4,5 cal. ka BP bis 3,9 cal. ka BP (Brugger et al., 2018). Der Pollentrend aus den vergangenen 5000 Jahre ist in Abbildung 8 als oberste Graphik dargestellt.

Damit wären die Interpretationen aus den $N_{tot}$ und $C_{org}$ Daten der CN Isotopie sowie der ACL und die *n*-Alkan Ratios der Blattwachsbiomarker für die Anfangsphase weitestgehend gestützt. Bezieht man das $\delta^{13}C$ Signal mit ein, so würde sich die Pollenanalyse auch mit den allochthonen Einträgen und der daraus festgemachten terrestrischen Phase decken. Hierbei dürfen jedoch die Ergebnisse von Schäfer et al., (2016) nicht vernachlässigt werden, die besagen, dass der niedrige ACL und die *n*-Alkan Ratios auch ein Resultat der *Betula Nana*, die bevorzugt die $C_{27}$ bildet, sein können. Dies wiederum wäre ein Indikator für eine Verbuschung im EZG zu dieser Zeit, was unter Anbetracht der rezenten Vegetation logisch erscheint und speziell im *n*-Alkan Ratio II zum Ausdruck kommt.

Pollenanalysen des Hoton Nuur, der nahe dem Khar Nuur gelegen ist, zeigen für die Zeit von 7,9 ka BP bis 5 ka BP einen relativ hohen Baumbestand, der durch vergleichsweise hohe Werte an Taiga Biomen konstatiert wurde (Rudaya et al., 2009). Ab 4,9 ka BP spielen hiernach die Taxa der Semiwüsten- und Steppengesellschaften eine größere Rolle, was eine Reduktion der borealen Wälder unter schlechteren Feuchtigkeitsbedingungen assoziieren lässt (ebda., 2009). Dieser Trend würde sich mit dem Rückläufigen Signal der Taiga (Abb.8), ab 5 ka BP, am Achit Nuur decken (Sun et al., 2013). Als zweite Darstellung in Abbildung 8 sind die Biome der Taiga und Steppe aufgezeigt, welche über die Signale der Taiga recht gut mit denen der Bäume und Sträucher von Brugger et al. (2018) korrelieren. Es muss hervorgehoben werden, dass der Hoton Nuur zwar nur ca. 15 km entfernt, aber mit ca. 2080 mNN ziemlich genau 400 m unter dem Khar Nuur liegt. Außerdem zeigen sich in der Chronologie von Rudaya et al. (2009) einige Unstimmigkeit, was ihre Polleninterpretation mit Vorsichtig gestalten lässt. Diverse Schwierigkeiten in der Übereinstimmung der unterschiedlichen Studien können sich zusätzlich aus der teilweise großen Differenz in der geographischen- und somit Höhenlage der Untersuchungsgebiete ergeben.

Außerdem sollte an dieser Stelle festgehalten werden, dass die Untersuchungen von Brugger et al. (2018) und Rudaya et al. (2009) für die Zeitspanne der Phase I komplett gegenläufig sind. Aus dem Eisbohrkern des Mongolischen Altai, der von Brugger et al. (2018) analysiert wurde, ging gegen 5 cal. ka BP ein Wechsel von aridem zu humiderem Klima hervor. Die humideren Bedingungen sollen hiernach bis 3,8 cal. ka BP angehalten haben. Dementgegen zeigten die Pollenanalysen aus dem Hoton Nuur, von Rudaya et al. (2009), einen Übergang von kaltem und feuchtem Klima zu wärmeren und trockeneren Bedingungen um 5 ka BP. Auch die von Brugger et al. (2018) konstatierten humideren Bedingungen decken sich eher mit den Blattwachsbiomarkern, die für diese Zeit – mit einer kleinen Ausnahme auf ca. 130 cm – für ein Vorkommen von Laubbäumen und Sträuchern sprechen würden. Hier werden jedoch auch wieder eher Zwergsträucher wie die *Betula Nana* vermutet (s. Schäfer et al., 2016). Der Pollentrend von Brugger et al. (2018) verläuft in der ersten Phase zudem relativ kongruent mit dem ACL und *n*-Alkan Ratio. Immer wenn das Signal der Bäume und Sträucher am Tsambagarav steigt, erhöht sich simultan die Konzentration der kürzeren Kettenlängen in den Alkanen des KN18_01 (Abb. 8). Die verwertbaren CN Daten stützen, ab dem zweien Drittel der Phase I, durch eher geringere Werte und somit niedrigerer Primärproduktion (Bowman et al., 2018), eher die festgestellte Aridität von Rudaya et al. (2009) ab ca. 4 ka BP. Der Gletscherrückgang im Mongolischen Altai, der ebenso auf den Wechsel zu wärmeren und trockeneren Bedingungen um 6 ka BP zurückzuführen ist, unterstreicht die Aussagen von Rudaya et al. (2009) noch einmal (Herren et al., 2013;

Klinge & Sauer, 2019). Der starke Rückgang des Niederschlages am Hoton Nuur soll der ausschlaggebende Grund für die Reduktion der Taiga gewesen sein (Abb. 8). Die Pollenuntersuchung, an einem 200 cm langen Seesedimentbohrkern aus dem Achit Nuur, ergab für die Zeit ab 5 cal. ka BP ein relativ warmes Klima (Sun et al., 2013), was sich mit Rudaya et al. (2009), Herren et al. (2013) und Klinge & Sauer (2019) deckt. Jedoch ergaben die Untersuchungen der Achit Nuur Region einen eher feuchteren Zeitraum von 6,4 cal. ka BP bis 1,6 cal. ka BP, was kongruent – zumindest für den Zeitraum der Phase I – mit der von Brugger et al. (2018) herausgestellt höheren Humidität verläuft.

Für eine regionale Differenzierung ist hier anzumerken, dass der Achit Nuur knapp 140 km nordöstlich des Khar Nuur und mit ca. 1500 mNN ungefähr 1000 m tiefer gelegen ist. Durch die Pollenanalyse des Achit Nuur wird, wie in Abbildung 8 zu sehen, der Vegetationstrend mit einer Reduktion der Taiga, von Rudaya et al. (2009) festgestellt, um 4 ka BP untermauert (Sun et al., 2013). Jedoch beschreiben Klinge & Sauer (2019), trotz der zunehmenden Aridität nach 4,3 ka BP, ein azonales Vorkommen von *Betula*-Gesellschaften, was zusätzlich für den rückläufigen *n*-Alkan Ratio II und damit auch die Verbuschung im EZG des Khar Nuur in der Anfangsphase des Kernes sprechen würde. Die Spitze im *n*-Alkan Ratio II, um ca. 4,3 ka BP, würde durch ein Maximum an Gräsern und Kräutern für die Aridität und Steppenvegetation sprechen. Ab diesem Punkt ist der *n*-Alkan Ratio II rückläufig, was speziell durch die in diesem Ratio zum Ausdruck kommende Dominanz der $C_{27}$ eine zunehmende Verbuschung im EZG suggeriert. Vielfache Unstimmigkeiten in dem Altersmodell von Rudaya et al. (2009) lassen die Interpretationen und Korrelationen nur unter Vorbehalt zu.

### 5.3.2 Phase II (3,8 cal. ka BP bis 1,4 cal. ka BP)

Die sich anschließende zweite Phase reicht von 3,8 cal. ka BP bis 1,4 cal. ka BP und stellt damit die größte Untergliederung des Sedimentbohrkernes. Hier reichern sich $C_{org}$ und $\delta^{13}C$ sehr bald wieder relativ stark an bzw. werden positiver (Abb. 5). Daraus ließe sich ein Trend zu mehr aquatischem Einfluss ableiten, der in der gesamten Einheit vorherrschend ist. Jedoch wird dieser Trend in Phase II, auf ca. 90 cm und 60 cm, jeweils unterbrochen und indiziert dort, mit zwei negativen Spitzen, allochthone Perioden (Mayr et al., 2005). In Verbindung mit $N_{tot}$ zeigen die zunehmenden Anteile des $C_{org}$, laut Bowman et al. (2018) zudem auf eine höhere Primärproduktion von aquatischen Pflanzen und biogene Sedimentation durch organische Substanz und Pflanzenreste während einer Wärmephase. Diese Interpretation deckt sich mit dem abgeleiteten Temperaturanstieg, welcher mit zunehmender Trockeneinheit zum Rückzug der Gletscher führt (Herren et al., 2013; Klinge & Sauer, 2019). Durch die Anreicherung von $N_{tot}$ und $C_{org}$ (Abb. 5) wäre die Theorie von Prokopenko et al. (2007) gestützt, dass um 3,6 kyr BP einige mongolische Seen durch stark ansteigende Niederschläge und höhere Windstärken einen größeren Sedimenteintrag erfahren. Hohe Niederschläge wurden für das gesamte Mittelholozän (8,3 ka BP bis 3 ka BP) aus einer Vergleichsstudie festgehalten (Klinge & Sauer, 2019). Auf ungefähr 70 cm kommt es zu einer positiven Spitze des $C_{org}$, welche für ein Maximum an autochthonen Einflüssen in dieser Phase sprechen würde und in Kombination mit dem $N_{tot}$ außerdem einen Zenit der Primärproduktion suggeriert. Dementgegen werden zwei Minima der Primärproduktion durch die Regressionen der Kurven, auf ca. 90 cm und 60 cm, abgeleitet (Abb. 5).

Mit dem ACL und den *n*-Alkan Ratios wird über die Blattwachsbiomarker und die dort konstant niedrigen Werte eine Dominanz der Laubbäume und Sträucher angezeigt, die wieder ein Resultat von höherem Vorkommen der *Betula Nana* sein können. Damit würde sich die abgeleitete Verbuschung im EZG auch zu Beginn der Phase II fortsetzen, was gut mit den terrestrischen Einflüssen, abgeleitet aus dem $C_{org}$ und $\delta^{13}C$ korreliert (Abb. 5 & 6). Aus dem Anstieg von ACL und *n*-Alkan Ratios, ab dem zweiten Drittel der Phase II, könnten sich vermehrt Makrophyten (autochthon) u./o. Gräser und Kräuter (allochthon) vermuten lassen, was wieder gut mit der Pollenanalyse am Tsambagarav übereinstimmt (Brugger et al., 2018). Hier wäre aber wieder auf die Wasserpflanze (Abb. 7 – KNW46) hinzuweisen, deren Alkane die kürzeren Ketten signalisieren. Zwischen ungefähr 87 cm und 70 cm verzeichnen die Kurven eine kleine Regression, welche vor allem durch den *n*-Alkan Ratio II die *Betula Nana* wieder forciert in den Fokus rückt. Dies entspricht ca. der Zeit 2,8 cal. ka BP und könnte eine Antwort auf den von Rudaya et al. (2009) und Klinge & Sauer (2019) beschriebenen Wechsel von ariden zu humiden Klimabedingungen sein. Ansonsten verlaufen die Graphen verhältnismäßig konstant auf hohem Niveau und sprechen daher für kleinere Vegetation (Abb. 6). Die zuvor genannte Wärmeperiode, mit ansteigender Humidität, soll bis 2 ka BP angehalten haben und ist zudem von äolischer und fluvialer Erosion, bis hin zur weiter ausgeprägten Vegetation der offenen Steppe (Abb. 8 – Einbruch Taiga) gekennzeichnet (Rudaya et al., 2009).

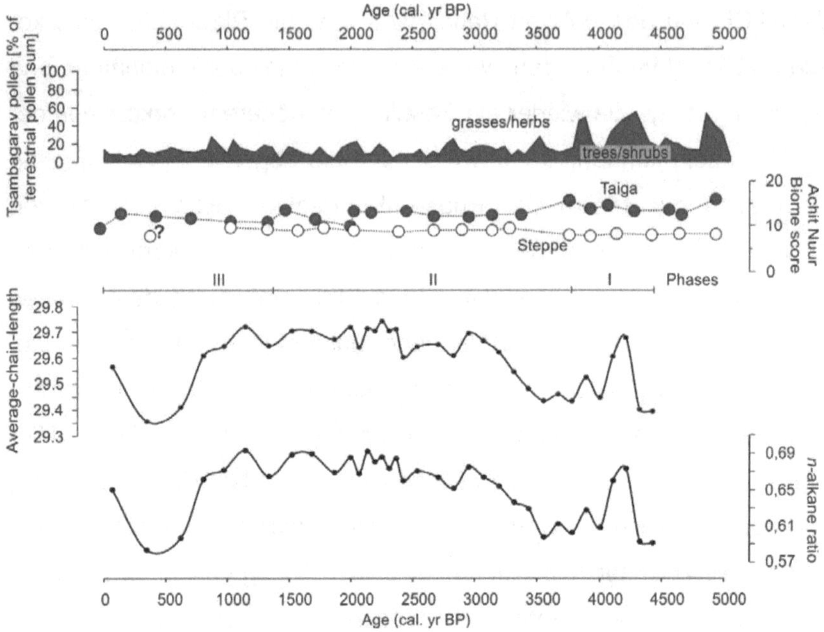


*Abb. 8. Paläoaltersplot mit – von oben nach unten – Pollenanalyse des Tsambagarav-Eiskerns (Brugger et al., 2018), Biome Score der Achit Nuur Region (Sun et al., 2013), Phasen des Sedimentkerns KN18_01 (I-III), ACL und n-Alkan Ratio II als Altersplot. Die zugrunde liegenden Alter wurden mit dem in den Methoden beschriebenen R package Bacon (rbacon) kalkuliert.*

### 5.3.3 Phase III (1,4 cal. ka BP bis Gegenwart)

Die dritte und oberste Phase beschreibt die Zeitspanne von 1,4 cal. ka BP bis zum Zeitpunkt, an dem der Sedimentbohrkern entnommen wurde (Juli 2018). Es zeigt sich anfänglich ein Rückgang in der Konzentration des $C_{org}$ und vor allem wird hier das $\delta^{13}C$ stark negativer (Abb 5). Hieraus wird auch die Phase III als Periode mit den höchsten allochthonen Einträgen abgeleitet. Außerdem ergibt sich daraus, in Kombination mit der aus den

$^{14}C$ Altern erkennbaren Altersinversion (Abb. 4), der Schluss, dass es im Übergang von Phase II zu Phase III ein größeres erosives Ereignis im EZG des Khar Nuur gegeben haben muss. Dies wiederum könnte ein Resultat der sich vor ungefähr 1,45 cal. ka BP manifestierenden nomadischen Wanderweidewirtschaft sein (Klinge & Sauer, 2019). Eine abnehmende biogene Produktivität wird durch die simultan mit dem $C_{org}$ rückläufigen Konzentration des $N_{tot}$, in der ersten Hälfte der Phase III, symbolisiert (Abb. 6). Der Rückgang in der Primärproduktion deckt sich gut mit der steigenden Aridität, welche Rudaya et al. (2009) für den Zeitraum nach 2 ka BP konstatierten. Auch die niedrigen/negativen Werte im $C_{org}$ und $\delta^{13}C$ können mit den kälteren und trockeneren Klimabedingungen, welche die Westmongolei während des Spätholozäns dominierten, in Zusammenhang stehen (Klinge & Sauer, 2019). Der beschriebene Klimatrend passt mit Herren et al. (2013) überein, die den Rückzug der Gletscher dem allgemein trockenen Klima von 5 ka BP bis 0,25 ka BP zuschreiben.

Die Signale des ACL und der *n*-Alkan Ratios unterstreichen, aufgrund des anhaltenden Trends von eher längeren Ketten in den ersten zwei Dritteln der Phase III, das eher kalt/trockene Klima und die geringere Primärproduktion zusätzlich (Abb. 6). Via $N_{tot}$ und $C_{org}$ wird, durch den Anstieg beider Kurven ab der zweiten Hälfte der dritten Phase, ein moderater Anstieg der Primärproduktion induziert. In dem letzten Drittel forciert sich dieser Anstieg, bis auf den absoluten Zenit des Kerns, bei 8 cm Tiefe (Abb. 5). Daraus ergibt sich die Annahme, dass hier das Maximum der biogenen Produktion erreicht wurde. Diese Annahme würde sich mit den Ergebnissen von Herren et al. (2013) decken, welche das gegenwärtige Klima (0,25 ka BP bis heute) als das Wärmste und Feuchteste der vergangenen 5000 Jahre beschreiben. Zu dieser Zeit verstärkte sich jedoch auch die anthropogene Überweidung und hatte einen großen Einfluss auf die sich manifestierende Steppenvegetation (Klinge & Sauer, 2019). Aus diesem Grund könnten die sehr hohen Werte im $N_{tot}$ und $C_{org}$ auch im anthropogenen Einfluss und der damit einhergehenden nomadischen Wanderweidewirtschaft begründet liegen (ebda., 2019). Daraus ließe sich evtl. auch die großen Sprünge im $\delta^{13}C$ erklären, die sich am Ende zwischen -28‰ und -30‰ bewegen, was die negativsten Signale des $\delta^{13}C$ im gesamten Sedimentbohrkern sind und den terrestrischen Eintrag untermalen. Die Blattwachsbiomarker deuten, mit starker Dominanz von $C_{27}$ und $C_{29}$ in dem letzten Drittel der dritten Phase, noch einmal auf eine Verbuschung im EZG hin. Nach den Beobachtungen im Jahr 2018 zu urteilen könnte es demnach auch einen größeren Eintrag vom Nordufer (rezenter *Betula Nana* Standort) in den See gegeben haben (Abb 3).

# 6 Zusammenfassung

Die Ergebnisse dieser Studie sollten das Potential der Blattwachsbiomarker aufzeigen, die Vegetation und Umgebung, auf einer Zeitskala der vergangenen 4500 Jahre, anhand von Seesedimenten des Khar Nuur zu rekonstruieren. Es ist die erste Studie im Mongolischen Altai, welche die Blattwachsbiomarker als Rekonstruktionsmethode der Paläoumwelt in den Fokus nimmt. Um das Potential zu prüfen, wurden die Biomarker mit der probaten Rekonstruktionsmethode der CN und bulk Isotopie versucht ins Verhältnis zu setzen. Aus der Verteilung des $C_{org}$ und $\delta^{13}C$ wurden drei Hauptphasen aus dem Sedimentkern des Khar Nuur abgeleitet, die einen terrestrischen und aquatischen Einfluss sowie Ursprung des Sediments und der organischen Substanz zeigen. Im Übergang von Phase II zu Phase III, wo es einen abrupten Wechsel zum terrestrischen Signal gibt, ist ein klares Indiz für ein erosives Ereignis im EZG des Sees zu erkennen. Das zeigt sich auch in den $^{14}C$ Altern durch eine Altersinversion der obersten beiden Radiokohlenstoffalter, die deswegen nicht in die Altersmodellierung der Paläoumweltbedingungen einbezogen wurden. Das $\delta^{15}N$ Signal und C/N Verhältnis wurden aufgrund von großen Unstimmigkeiten zur Literatur und den anderen Proxys größtenteils missachtet. Mit dem $P_{aq}$ der Biomarker erhoffte man sich aus der Theorie ein ähnliches Differenzierungspotential zwischen terrestrischem und aquatischem Einfluss. Dieser hat sich jedoch auch, durch fehlende Konsistenz in der Korrelation mit der CN und bulk Isotopie, für diese Arbeit als weitestgehend unbrauchbar erwiesen. Gründe dafür können unterschiedliche Limitierungsfaktoren sein, wie fehlende regionale Kalibrierungen und die geringen Temperaturen sowie hohe Trockenheit in der Region des Khar Nuur, welche die Bildung der Alkane beeinträchtigen.

Am Anfang des Kerns, zwischen 4,5 cal. ka BP und 3,8 cal. ka BP, scheint es eine Verbuschung im EZG und primär terrestrischen Eintrag gegeben zu haben. Die klimatischen Rückschlüsse für diese Zeit erwiesen sich als äußerst diffizil und kontrovers, lassen aufgrund der geographisch nächstgelegenen Vergleichsstudie am Hoton Nuur und der geringen biogenen Produktion auf trockene Bedingungen schließen. Diese Studie hat jedoch große Unsicherheiten in der Alterschronologie zur Grundlage, was die Evidenz angreift. Eine weiter entlegene Studie konstatierte humide Bedingungen, was für die Dominanz der *Betula Nana* zu dieser Zeit spricht und weitaus robuster erscheint. Von 3,8 cal. ka BP bis 1,4 cal. ka BP hielt anfänglich die Verbuschung an, wechselte aber zeitnah durch mehr Gräser und Kräuter zu sehr kleiner Vegetation. Diese aquatische Phase zeigte viele Wechsel in der biogenen Produktivität, sodass es wohl um 2 cal. ka BP, unter feuchteren Bedingungen, noch einmal für kurze Zeit zur moderaten Ansiedelung der *Betula Nana* kam. Anschließend dominierte wieder die Aridität und zudem stieg der anthropogene Einfluss. Mit steigendem Nährstoffvorkommen sollen die vergangenen 300 Jahre dann aber die klimatisch günstigsten (warm/feucht) der vergangenen 5000 Jahre gewesen sein und die Verbuschung nahm wieder zu.

Für tiefgründigere Untersuchungen und evidentere Aussagen sind weitere Studien aus anderen natürlichen Archiven des Mongolischen Altai und regionale Kalibrierungen erforderlich. Dann bieten auch die Blattwachsbiomarker, nicht zuletzt wegen der hohen Resilienz der Alkane gegenüber chemischer und physikalischer Degradation, in dieser Region ein großes Potential. Analysen von $\delta^{13}C$ und $\delta^{2}H$ (Deuterium), die auch aus Blattwachsen gewonnen werden, können darüber hinaus weitere Erkenntnisse über die Klimabedingungen der Vergangenheit liefern. Die $^{14}C$ Radiokohlenstoffdatierung könnte zusätzlich dazu beitragen, präzise Aussagen über die erosive Dynamik der Vergangenheit zu treffen. Da sich natürliche und anthropogene Faktoren gegenseitig bedingen, ist es wichtig, die damit einhergehenden Prozesse vergangener Umweltprämissen voneinander zu entkoppeln, um zu verstehen, wie gegenwärtige und zukünftige Ökosysteme darauf differenziert reagieren.

Batima, P., Natsagdorj, L., Bombluudev, P., Erdenetsetseg, B., 2005: Observed Climate Change in Mongolia. Nairobi: Assessments of Inpacts and Adaptations to Climate Change (AIACC). Working Papers. 12, 26.

Blaauw, M., Christen, J. A., 2011: Flexible paleoclimate age-depth models using an autoregressive gamma process. Bayesian Anal. 6(03), 457–474.

Bliedtner, M., Schäfer, I. K., Zech, R., & von Suchodoletz, H., 2018: Leaf wax n-alkanes in modern plants and topsoils from eastern Georgia (Caucasus) – implications for reconstructing regional paleovegetation. Biogeosciences. 15(12), 3927–3936.

Bliedtner, M., Zech, R., Kühn, P., Schneider, B., Zielhofer, C. & von Suchodoletz, H., 2018: The potential of leaf wax biomarkers from fluvial soil-sediment sequences for paleovegetation reconstructions – Upper Alazani River, central southern Greater Caucasus (Georgia).196, 62–79.

Bowman, S., 1990. Radiocarbon Dating. Interpreting the past. University of California Press, 8–13.

Bowman, W. D., Hacker, S. D., Cain, M. L., 2018: Ecology. Sinauer Associates, Inc., Sunderland, S. 44–468.

Bronk Ramsey, C., 2009: Bayesian Analysis of Radiocarbon Dates. Radiocarbon 51(01), 337–360.

Brugger, S.O., Gobet, E., Sigl, M., Osmont, D., Papina, T., Rudaya, N., Schwikowski, M., Tinner, W., 2018: Ice records provide new insights into climatic vulnerability of Central Asian forest and steppe communities. Glob. Planet. Chang. 169, 188–201.

Buggle, B., Wiesenberg, G. L., & Glaser, B., 2010: Is there a possibility to correct fossil n-alkane data for postsedimentary alteration effects?. Applied Geochemistry, 25(7), 947–957.

Chen, F., Yu, Z., Yang, M., Ito, E., Wang, S., Madsen, D. B., Huang, X., Zhao, Y., Sato, T., Birks, J. B., Boomer, I., Chen, J., An, C., Wünnemann, B., 2008: Holocene moisture evolution in arid Asia and ist out-of-phase relationship with Asian monsoon history. Quaternary Science Reviews, 351–364.

Diefendorf, A. F., Freeman, K. H., Wing, S. L., and Graham, H. V., 2011: Production of n-alkyl lipids in living plants and implications for the geologic past, Geochim. Cosmochim. Ac., 75, 7472–7485.

Dietrich, S., Sirocko, F., 2012: Korngrößenanalyse und Sedimentgeochemie als Grundlage der Klima- und Wetterrekonstruktion. In: Sirocko, F. (Ed.), Wetter, Klima, Menschheitsentwicklung. Wissenschaftliche Buchgesellschaft, Darmstadt, 26–28.

DIW – Deutsches Institut für Wirtschaftsforschung e.V., 2018: Folgen extremer Wetterereignisse hindern viele Kinder in der Mongolei am Schulbesuch. Wochenbericht 38/40. Berlin, Deutschland. 0–32.

Dulamsuren, C., Hauck, M., Khishigjargal, M., Leuschner, H. H., Leuschner, H., 2010: Diverging climate trends in Mongolian taiga forests influence growth and regeneration of Larix sibirca. Oecologia. 163, 1091–1102.

Dulamsuren, C., Khishigjargal, M., Leuschner, H., Hauck, M., 2013: Respoonse of tree-ring width to climate warming and selective logging in larch forests oft he Mongolian Altai. Journal of Plant Ecology. 7(01), 24–38.

Eglinton, G. and Hamilton, R. J., 1967: Leaf EpicuticularWaxes. Science. 156, 1322–1335.

Eglinton, T. I. and Eglinton, G., 2008: Molecular proxies for paleoclimatology. Earth Planet. Sc. Lett., 275, 1–16.

Etter, W., 1994: Palökologie: Eine methodische Einführung. Birkhäuser, Basel, 148.

Ficken, K. J., Li, B., Swain, D. L., & Eglinton, G., 2000: An n-alkane proxy for the sedimentary input of submerged/floating freshwater aquatic macrophytes. Organic geochemistry, 31(7-8), 745–749.

Henne, P.D., Elkin, C. M., Reineking, B., Bugmann, H., Tinner, W., 2011: Did soil development limit spruce (Picea abies) expansion in the Central Alps during the Holocene? Testing a palaeobotanical hypothesis with a dynamic landscape model. Journal of Biogeography. 38, 933–949.

Herren, P.-A., Eichler, A., Machguth, H., Papina, T., Tobler, L., Zapf, A., Schwikowski, M., 2013: The onset of Neoglaciation 6000 years ago in western Mongolia revealed by an ice core from the Tsambagarav mountain range. Quaternary Science Reviews. 69, 59–68.

Hoefs, M. J., Rijpstra, W. I. C., & Damsté, J. S. S., 2002: The influence of oxic degradation on the sedimentary biomarker record I: Evidence from Madeira Abyssal Plain turbidites. Geochimica et Cosmochimica Acta. 66(15), 2719–2735.

IPCC, 2013: Summary for Policymakers. In: Climate Change 2013: The Physical Science Basis. Contribution of Working Group I to the Fifth Assessment Report of the Intergovernmental Panel on Climate Change [Stocker, T.F., D. Qin, G.-K. Plattner, M. Tignor, S.K. Allen, J. Boschung, A. Nauels, Y. Xia, V. Bex and P.M. Midgley (eds.)]. Cambridge University Press, Cambridge, United Kingdom and New York, NY, USA. 1–30.

IPCC, 2018: Summary for Policymakers. In: Global Warming of 1.5°C. An IPCC Special Report on the impacts of global warming of 1.5°C above pre-industrial levels and related global greenhouse gas emission pathways, in the context of strengthening the global response to the threat of climate change, sustainable development, and efforts to eradicate poverty [Masson-Delmotte, V., P. Zhai, H.-O. Pörtner, D. Roberts, J. Skea, P.R. Shukla, A. Pirani, W. Moufouma-Okia, C. Péan, R. Pidcock, S. Connors, J.B.R. Matthews, Y. Chen, X. Zhou, M.I. Gomis, E. Lonnoy, T. Maycock, M. Tignor, and T. Waterfield (eds.)]. World Meteorological Organization, Geneva, Switzerland. 32 pp.

Klinge, M., Lehmkuhl, F., Schulte, P., Hülle, D., Nottebaum, V., 2017: Implications of (reworked) aeolian sediments and paleosols for Holocene environmental change in Western Mongolia. Geomorphology. 292, 59–71.

Kottek, M., Grieser, J., Beck, C., Rudolf B., Rubel, F., 2006: World Map of Köppen-Geiger Climate Classification updated. Meteorol. Z. 15, 259–263.

Mayr, C., Fey, M., Haberzettl, T., Janssen, S., Lücke, A., Maidana, N. I., Ohlendorf, C., Schäbitz, F., Schleser, G. H., Struck, U., Wille, M., Zolitschka, B., 2005: Palaeoenvironmental changes in southern Patagonia during the last millennium recorded in lake sediments from Laguna Azul (Argentina). Palaeogeography, Palaeoclimatology, Palaeoecology. 228, 203–227.

McKenzie, J., 1985: Carbon isotopes and productivity in the lacustrine and marine environment.- In: Stumm, W. (Hrsg.), Chemical Processes in Lakes: Wiley, New York, 99–118.

Meyers, P.A., (1997): Organic geochemical proxies of paleoceanographic, paleolimnologic, and paleoclimatic processes. Organic Geochemistry. 27, 213–250.

Meyers, P.A., 2003: Applications of organic geochemistry to paleolimnological reconstructions: a summary of examples from the Laurentian Great Lakes. Organic Geochemistry 34, 261–289.

Meyers, P.A., Teranes, J.L., 2001: Sediment Organic Matter.- In: Last, W.M., Smol, J.P. (Hrsg.), Physical and Geochemical Methods, Tracking Environmental Change Using Lake Sediments, Volume 2: Kluwer Academic Publishers, Dordrecht, 239–269.

Müller, A., Voss, M., 1999: The palaeoenvironments of coastal lagoons in the southern Baltic Sea, II. δ13C and δ15N ratios of organic matter-sources and sediments. Palaeogeography, Palaeoclimatology, Palaeoecology 145, 17–32.

Poynter, J. G., Farrimond, P., Robinson, N., & Eglinton, G., 1989: Aeolian-derived higher plant lipids in the marine sedimentary record: Links with palaeoclimate. In Paleoclimatology and paleometeorology: modern and past patterns of global atmospheric transport. Springer, Dordrecht, 435–462.

Prokopenko, A. A., Khursevich, G. K., Bezrukova, E. V., Kuzmin, M. I., Boes, X., Wil-liams, D. F., Fedenya, S. A., Kulagina, N. V., Letunova, P. P., Abzaeva, A. A., 2007: Paleoenvironmental proxy records from Lake Hovsgol, Mongolia, and a synthesis of Holocene climate change in the Lake Baikal watershed. Quat. Res. 68 (1), 2–17.

Reimer, P.J., Bard, E., Bayliss, A., Beck, J.W., Blackwell, P.G., Ramsey, C.B., Buck, C.E., Cheng, H., Edwards, R.L., Friedrich, M., Grootes, P.M., Guilderson, T.P., Haflidason, H., Hajdas, I., Hatté, C., Heaton, T.J., Hoffmann, D.L., Hogg, A.G., Hughen, K.A., Kaiser, K.F., Kromer, B., Manning, S.W., Niu, M., Reimer, R.W., Richards, D.A., Scott, E.M., Southon, J.R., Staff, R.A., Turney, C.S.M., van der Plicht, J., 2013: IntCal13 and Marine13 Radiocarbon Age Calibration Curves 0–50,000 Years cal BP. Radiocarbon. 55(04), 1869–1887.

Rudaya, N., Tarasov, P., Dorofeyuk, N., Solovieva, N., Kalugin, I., Andreev, A., and Wagner, M., 2009: Holocene environments and climate in the Mongolian Altai re-constructed from the Hoton-Nur pollen and diatom records: a step towards better understanding climate dynamics in Central Asia. Quaternary Science Reviews. 28(5-6), 540–554.

Ruff, M., Fahrni, S., Gaggeler, H.W., Hajdas, I., Suter, M., Synal, H.-A., Szidat, S., Wacker, L., 2011: On-line Radiocarbon Measurements of Small Samples Using Elemental Analyzer and MICADAS Gas Ion Source.

Salazar, G., Zhang, Y.L., Agrios, K., Szidat, S., 2015: Development of a method for fast and automatic radiocarbon measurement of aerosol samples by online coupling of an elemental analyzer with a MICADAS AMS. Nuclear Instruments and Methods in Physics Research Section B: Beam Interactions with Materials and Atoms. 361, 163–167.

Stein, R., 1991: Accumulation of organic carbon in marine sediments. – Lecture Notes in Earth Scienes, 34, 217.

Sun, A., Feng, Z., Ran, M., Zhang, C., 2013: Pollen-recorded bioclimatic variations of the last w22,600 years retrieved from Achit Nuur core in the western Mongolian Plateau. Quaternary International. 311, 36–43.

Szidat, S., 2014: 14C Analysis and Sample Preparation at the New Bern Laboratory for the Analysis of Radiocarbon with AMS (LARA). 56(2), 561–566.

Tao, S., Fang, J., Zhao, X., Zhao, S., Shen, H., Hu, H., Tang, Z., Wang, Z., Guo, Q., 2015: Rapid loss of lakes on the Mongolian Plateau. Proceedings of the National Academy of Sciences of the United States of America. 112(7), 2281–2286.

Tserensodnom, J., 2000: Catalogue of the Mongolian Lakes, 69.

Wacker, L., Bonani, G., Friedrich, M., Hajdas, I., Kromer, B., Němec, M., Ruff, M., Suter, M., Synal, H.-A., Vockenhuber, C., 2010: MICADAS: Routine and High-Precision Radiocarbon Dating. Radiocarbon. 52(02), 252–262.

Wagner, B., Cremer, H., Hultzsch, N., Gore, D.B., Melles, M., 2004: Late Pleistocene and Holocene history of Lake Terrasovoje, Amery Oasis, East Antarctica, and its climatic and environmental implications.- Journal of Paleolimnology, 32: 321–339.

Walther, M., Dashtseren, A., Kamp, U., Temujin, K., Meixner, F., Pan, C. Gansukh, Y., 2017: Glaciers, Permafrost and Lake Levels at the Tsengel Khairkhan Massif, Mon-golian Altai, During the Late Pleistocene and Holocene. Geosciences 7 (73), 3–17.

Xu, H., Ai, L., Tan, L., A, Z., 2006: Stable isotopes in bulk carbonates and organic matter in recent sediments of Lake Qinghai and their climatic implications. Chemical Geology. 235, 262–275.

Zech, M., Buggle, B., Leiber, K., Markovi´c, S., Glaser, B., Hambach,U., Huwe, B., Stevens, T., Sümegi, P., Wiesenberg, G., and Zöller, L. 2010: Reconstructing Quaternary vegetation history in the Carpathian Basin, SE-Europe, using n-alkane biomarkers as molecular fossils: Problems and possible solutions, potential and limitations, E&G Quaternary Sci. J., 58, 148–155.

Zech, R., Zech, M., Marković, S., Hambach, U., & Huang, Y. 2013: Humid glacials, arid interglacials? Critical thoughts on pedogenesis and paleoclimate based on multi-proxy analyses of the loess–paleosol sequence Crvenka, Northern Serbia. Palaeogeography, Palaeoclimatology, Palaeoecology. 387, 165–175.

Zhang, Y., Yang, P., Tong, C., Liu, X., Zhang, Z., Wang, G., Meyers, P. A., 2018: Palynological record of Holocene vegetation and climate changes in a high-resolution peat profile from the Xinjiang Altai Mountains,northwestern China. Quaternary Science Reviews. 201, 111–123.

Onlinequellen

https://de.climate-data.org/asien/mongolei/bajan-oelgii/tsengel-46860/ (Zugriff: 27.07.19, 15:40 Uhr) -

http://www.icra.at/index.php/wasser-umwelt/sedimentaufnahme/probennahme (Zugriff: 20.06.19, 14:30 Uhr)-

*Tab. 2. CN und bulk Isotopie Daten.*

| Probe ID | Tiefe (cm) | Ntot (%) | $\delta^{15}N$ (Air) | Corg (%) | $\delta^{13}C$ (VPDB) | C/N |
|---|---|---|---|---|---|---|
| KN18_1-2 | 2 | 0,624 | 3,37 | 4,698 | -29,85 | 8,78 |
| KN18_1-4 | 4 | 0,681 | 2,67 | 4,744 | -28,92 | 8,12 |
| KN18_1-6 | 6 | 0,647 | 2,77 | 4,703 | -28,87 | 8,48 |
| KN18_1-8 | 8 | 0,813 | 3,00 | 5,709 | -28,17 | 8,19 |
| KN18_1-10 | 10 | 0,71 | 3,07 | 5,425 | -28,77 | 8,91 |
| KN18_1-12 | 12 | 0,683 | 3,12 | 5,001 | -29,52 | 8,54 |
| KN18_1-14 | 14 | 0,639 | 3,15 | 4,732 | -29,74 | 8,64 |
| KN18_1-16 | 16 | 0,477 | 3,43 | 3,113 | -27,99 | 7,61 |
| KN18_1-18 | 18 | 0,516 | 3,41 | 3,617 | -28,98 | 8,18 |
| KN18_1-20 | 20 | 0,443 | 3,54 | 3,204 | -29,10 | 8,43 |
| KN18_1-22 | 22 | 0,42 | 3,88 | 2,880 | -28,73 | 8,00 |
| KN18_1-24 | 24 | 0,34 | 4,42 | 2,494 | -28,79 | 8,55 |
| KN18_1-26 | 26 | 0,303 | 5,25 | 2,045 | -27,85 | 7,87 |
| KN18_1-28 | 28 | 0,326 | 4,88 | 2,427 | -28,17 | 8,68 |
| KN18_1-30 | 30 | 0,282 | 5,02 | 2,132 | -28,19 | 8,82 |
| KN18_1-32 | 32 | 0,369 | 4,16 | 2,684 | -28,49 | 8,48 |
| KN18_1-34 | 34 | 0,326 | 4,62 | 2,544 | -28,42 | 9,10 |
| KN18_1-36 | 36 | 0,323 | 4,70 | 2,332 | -28,35 | 8,42 |
| KN18_1-38 | 38 | 0,277 | 5,47 | 2,081 | -27,68 | 8,76 |
| KN18_1-40 | 40 | 0,271 | 5,54 | 1,810 | -27,54 | 7,79 |
| KN18_1-42 | 42 | 0,289 | 5,28 | 2,128 | -27,79 | 8,59 |
| KN18_1-44 | 44 | 0,358 | 4,19 | 2,229 | -26,35 | 7,26 |
| KN18_1-46 | 46 | 0,491 | 3,44 | 3,355 | -26,19 | 7,97 |
| KN18_1-48 | 48 | 0,51 | 3,49 | 3,178 | -25,67 | 7,27 |
| KN18_1-50 | 50 | 0,484 | 3,81 | 3,010 | -26,21 | 7,25 |
| KN18_1-52 | 52 | 0,389 | 4,08 | 2,376 | -26,30 | 7,12 |
| KN18_1-54 | 54 | 0,376 | 3,97 | 2,304 | -26,53 | 7,15 |
| KN18_1-56 | 56 | 0,392 | 4,42 | 2,395 | -26,34 | 7,13 |
| KN18_1-58 | 58 | 0,315 | 5,59 | 1,914 | -26,30 | 7,08 |
| KN18_1-60 | 60 | 0,276 | 5,42 | 1,795 | -26,23 | 7,58 |
| KN18_1-62 | 62 | 0,288 | 5,68 | 1,983 | -26,45 | 8,03 |
| KN18_1-64 | 64 | 0,401 | 4,52 | 2,705 | -26,56 | 7,87 |
| KN18_1-66 | 66 | 0,602 | 3,98 | 3,793 | -25,81 | 7,35 |
| KN18_1-68 | 68 | 0,628 | 3,88 | 4,204 |  | 7,81 |
| KN18_1-70 | 70 | 0,716 | 3,83 | 4,679 | -25,45 | 7,62 |
| KN18_1-72 | 72 | 0,633 | 4,07 | 4,402 | -25,60 | 8,11 |
| KN18_1-74 | 74 | 0,571 | 3,93 | 4,067 | -25,24 | 8,31 |
| KN18_1-76 | 76 | 0,461 | 4,17 | 3,123 | -25,41 | 7,90 |
| KN18_1-78 | 78 | 0,483 | 3,95 | 3,144 | -25,26 | 7,59 |
| KN18_1-80 | 80 | 0,515 | 3,94 | 3,080 | -24,55 | 6,97 |

| | | | | | | |
|---|---|---|---|---|---|---|
| KN18_1-82 | 82 | 0,48 | 4,12 | 3,713 | -24,59 | 9,02 |
| KN18_1-84 | 84 | 0,363 | 4,88 | 2,576 | -25,65 | 8,27 |
| KN18_1-86 | 86 | 0,319 | 5,64 | 2,572 | -26,12 | 9,40 |
| KN18_1-88 | 88 | 0,279 | 6,19 | 2,248 | -26,23 | 9,39 |
| KN18_1-90 | 90 | 0,3 | 5,69 | 1,827 | -25,82 | 7,10 |
| KN18_1-92 | 92 | 0,318 | 5,70 | 1,904 | -25,65 | 6,98 |
| KN18_1-94 | 94 | 0,471 | 4,84 | 2,853 | -25,11 | 7,06 |
| KN18_1-96 | 96 | 0,653 | 4,25 | 3,672 | -24,55 | 6,56 |
| KN18_1-98 | 98 | 0,619 | 3,80 | 3,683 | -24,62 | 6,94 |
| KN18_1-100 | 100 | 0,59 | 3,99 | 3,438 | -25,17 | 6,80 |
| KN18_1-102 | 102 | 0,593 | 3,79 | 3,751 | -24,50 | 7,38 |
| KN18_1-104 | 104 | 0,539 | 3,25 | 3,780 | -25,72 | 8,18 |
| KN18_1-106 | 106 | 0,459 | 3,91 | 3,350 | -27,39 | 8,51 |
| KN18_1-108 | 108 | 0,514 | 4,02 | 3,645 | -26,68 | 8,27 |
| KN18_1-110 | 110 | 0,503 | 4,34 | 3,756 | -25,97 | 8,71 |
| KN18_1-112 | 112 | 0,418 | 4,81 | 2,764 | -26,61 | 7,71 |
| KN18_1-114 | 114 | 0,334 | 5,92 | 2,190 | -26,90 | 7,65 |
| KN18_1-116 | 116 | 0,388 | 5,54 | 2,598 | -27,00 | 7,81 |
| KN18_1-118 | 118 | 0,352 | 5,52 | 2,347 | -27,21 | 7,78 |
| KN18_1-120 | 120 | 0,367 | 5,57 | 2,438 | -27,01 | 7,75 |
| KN18_1-122 | 122 | 0,47 | 4,84 | 3,190 | -26,58 | 7,92 |
| KN18_1-124 | 124 | 0,377 | 6,05 | 2,383 | -26,63 | 7,37 |
| KN18_1-126 | 126 | 0,334 | 6,30 | 1,920 | -26,88 | 6,70 |
| KN18_1-128 | 128 | 0,404 | 6,14 | 2,670 | -26,62 | 7,71 |
| KN18_1-130 | 130 | 0,309 | 6,82 | 1,976 | -26,86 | 7,46 |
| KN18_1-132 | 132 | 0,362 | 6,48 | 2,496 | -26,56 | 8,04 |
| KN18_1-134 | 134 | 0,663 | 4,75 | 4,874 | -25,92 | 8,57 |
| KN18_1-136 | 136 | 0,664 | 4,57 | 5,171 | -26,03 | 9,08 |
| KN18_1-138 | 138 | 0,579 | 5,00 | 4,211 | -26,21 | 8,48 |
| KN18_1-140 | 140 | 0,556 | 5,55 | 4,217 | -26,34 | 8,85 |

*Tab. 3. Kettenlängen und Konzentration der Alkane von Wasserpflanze KNW46.*

| Kettenlängen | Konzentration der Alkane |
|---|---|
| C21 | 0,00 |
| C23 | 26,95 |
| C25 | 27,42 |
| C27 | 13,40 |
| C29 | 11,09 |
| C31 | 5,85 |
| C33 | 1,25 |
| C35 | 1,53 |

*Tab. 4. Daten der Blattwachsbiomarker*

| Probe ID | Tiefe [cm] | mEinwaage [g] | cC21-35 | OEP | Paq | ACL | n-alkane Ratio I | |
|---|---|---|---|---|---|---|---|---|
| KN18_1_2 | 2 | 5,39 | 4,29 | 6,49 | 0,48 | 29,57 | 0,43 | 0,65 |
| KN18_1_6 | 6 | 3,03 | 1,50 | 6,61 | 0,35 | 29,36 | 0,38 | 0,58 |
| KN18_1_10 | 10 | 2,39 | 1,44 | 7,00 | 0,41 | 29,41 | 0,40 | 0,60 |
| KN18_1_14 | 14 | 3,10 | 1,31 | 6,96 | 0,34 | 29,61 | 0,45 | 0,66 |
| KN18_1_18 | 18 | 3,58 | 0,34 | 7,18 | 0,25 | 29,64 | 0,46 | 0,67 |
| KN18_1_22 | 22 | 5,21 | 0,85 | 7,12 | 0,27 | 29,72 | 0,47 | 0,69 |
| KN18_1_26 | 26 | 9,12 | 0,36 | 6,93 | 0,27 | 29,65 | 0,46 | 0,66 |
| KN18_1_30 | 30 | 7,24 | 0,65 | 7,12 | 0,26 | 29,70 | 0,47 | 0,69 |
| KN18_1_34 | 34 | 6,81 | 0,50 | 7,25 | 0,26 | 29,70 | 0,47 | 0,69 |
| KN18_1_38 | 38 | 8,10 | 0,10 | 6,78 | 0,25 | 29,67 | 0,47 | 0,67 |
| KN18_1_42 | 42 | 5,60 | 0,63 | 7,21 | 0,25 | 29,72 | 0,48 | 0,69 |
| KN18_1_46 | 46 | 5,01 | 0,40 | 7,25 | 0,23 | 29,64 | 0,45 | 0,67 |
| KN18_1_50 | 50 | 6,64 | 0,37 | 8,08 | 0,21 | 29,71 | 0,47 | 0,69 |
| KN18_1_54 | 54 | 6,41 | 0,41 | 8,10 | 0,22 | 29,71 | 0,47 | 0,68 |
| KN18_1_58 | 58 | 7,99 | 0,18 | 7,26 | 0,19 | 29,74 | 0,49 | 0,69 |
| KN18_1_62 | 62 | 8,69 | 0,17 | 7,27 | 0,20 | 29,71 | 0,48 | 0,67 |
| KN18_1_66 | 66 | 5,32 | 0,46 | 8,18 | 0,22 | 29,71 | 0,47 | 0,68 |
| KN18_1_70 | 70 | 4,11 | 0,50 | 8,02 | 0,24 | 29,60 | 0,45 | 0,66 |
| KN18_1_74 | 74 | 5,36 | 0,36 | 8,09 | 0,22 | 29,64 | 0,46 | 0,67 |
| KN18_1_78 | 78 | 5,99 | 0,33 | 8,38 | 0,21 | 29,65 | 0,46 | 0,66 |
| KN18_1_82 | 82 | 5,52 | 0,16 | 8,47 | 0,22 | 29,61 | 0,46 | 0,65 |
| KN18_1_86 | 86 | 6,71 | 0,13 | 7,72 | 0,20 | 29,70 | 0,48 | 0,67 |
| KN18_1_90 | 90 | 6,67 | 0,14 | 7,06 | 0,21 | 29,67 | 0,47 | 0,66 |
| KN18_1_94 | 94 | 5,90 | 0,23 | 8,07 | 0,24 | 29,62 | 0,46 | 0,65 |
| KN18_1_98 | 98 | 3,95 | 0,34 | 7,92 | 0,29 | 29,55 | 0,44 | 0,64 |
| KN18_1_102 | 102 | 4,57 | 0,49 | 8,03 | 0,30 | 29,48 | 0,42 | 0,63 |
| KN18_1_106 | 106 | 4,61 | 1,21 | 7,27 | 0,47 | 29,43 | 0,42 | 0,60 |
| KN18_1_110 | 110 | 6,99 | 1,32 | 7,14 | 0,40 | 29,46 | 0,42 | 0,61 |
| KN18_1_114 | 114 | 5,93 | 0,61 | 6,93 | 0,36 | 29,43 | 0,42 | 0,60 |
| KN18_1_118 | 118 | 7,05 | 0,43 | 6,88 | 0,34 | 29,52 | 0,44 | 0,63 |
| KN18_1_122 | 122 | 5,72 | 1,02 | 7,33 | 0,43 | 29,45 | 0,42 | 0,61 |
| KN18_1_126 | 126 | 3,77 | 0,58 | 6,94 | 0,26 | 29,61 | 0,45 | 0,66 |
| KN18_1_130 | 130 | 6,78 | 0,35 | 7,49 | 0,23 | 29,68 | 0,47 | 0,67 |
| KN18_1_134 | 134 | 3,96 | 1,33 | 6,87 | 0,45 | 29,40 | 0,41 | 0,59 |
| KN18_1_138 | 138 | 4,24 | 0,99 | 6,94 | 0,44 | 29,39 | 0,41 | 0,59 |
| KN18_1_141 | 141 | 3,65 | 0,84 | 6,52 | 0,40 | 29,42 | 0,41 | 0,60 |

Erklärung

Ich versichere,

dass ich die vorliegende Arbeit selbstständig und nur unter Verwendung der gegebenen Literatur und Hilfsmittel verfasst habe.

Sämtliche Stellen, die anderen Werken entnommen sind, wurden unter Angabe der Quellen als Entlehnung kenntlich gemacht.

Jena, 19.08.2019

Christoph Hollitzer

MIX
Papier | Fördert gute Waldnutzung
FSC® C083411

Kolibri 360 GmbH
Ferdinand-Jühlke-Straße 7
99095 Erfurt, Deutschland
produktsicherheit@kolibri360.de

Druck:
CPI Druckdienstleistungen GmbH
im Auftrag der
Kolibri 360 GmbH
Ferdinand-Jühlke-Str. 7
99095 Erfurt